Stefano Mancuso

AUS LIEBE ZU DEN PFLANZEN

Geschichten von Entdeckern, die die Welt veränderten

Aus dem Italienischen von
Christine Ammann

Verlag Antje Kunstmann

Für meinen Lehrer Franco Scaramuzzi,
einen Liebhaber der Pflanzen

Inhalt

Vorwort

Aus Liebe zu den Pflanzen ist zwar nach meinem Buch *Die Intelligenz der Pflanzen* entstanden, bildet aber gewissermaßen den Prolog dazu. Denn dass ich Pflanzen heute als komplexe Wesen mit kommunikativen Fähigkeiten, raffinierten Verteidigungsstrategien und sozialen Beziehungen betrachte, verdanke ich zu einem großen Teil den Protagonisten dieses Buchs, Menschen, die die Natur, die Lebewesen und ihre vielfältigen Beziehungen als ein Ganzes begriffen haben. Es fällt uns meiner Meinung nach nämlich auch deshalb so schwer, die Probleme unserer modernen Welt zu lösen, weil uns diese Sicht inzwischen abhandengekommen ist und einer extremen Wissensspezialisierung Platz gemacht hat. Wir werden jedoch nur dann imstande sein, nachhaltig zu produzieren, dem Klimawandel Einhalt zu gebieten und die zahlreichen bedrohten Arten zu schützen, wenn wir lernen, über unseren eigenen Tellerrand hinauszublicken. Vielleicht liegt es daran, dass ich in Florenz, der Wiege des Humanismus, lebe, aber ich denke, wir brauchen heute dringender denn je einen neuen Humanismus, eine neue Allianz des Wissens, die uns eine neue Sicht auf die Rolle erlaubt, die wir auf unserem Planeten spielen.

Die Personen, die im Folgenden die Bühne betreten werden, eint eine seltene, für jedoch Forscher unverzichtbare Fähigkeit: unsere Umwelt und insbesondere die vielen Erscheinungsformen der belebten Welt mit teilnehmender Aufmerksamkeit zu betrachten. Jeder gute Naturforscher sollte sich beharrlich darum bemühen, die Welt mit Respekt und – ich scheue mich nicht vor diesem Wort – mit Liebe zu ergründen. Die Protagonisten der folgenden Lebensgeschichten, so unterschiedlich sie verliefen, besaßen diese Fähigkeit.

Im Lauf der Jahre bin ich über meine Arbeit oder per Zufall auf diese Menschen gestoßen und immer wieder, wenn auch oft nur sporadisch, auf sie zurückgekommen. Sie waren gewissermaßen ständig präsent, ein wenig wie alte Freunde. Manche sind mir sympathisch, andere sind mir wirklich ans Herz gewachsen, doch meine Bewunderung und mein Dank gelten allen. Gemeinsam ist ihnen, dass ihr Wirken auf dem Gebiet der Pflanzen im Allgemeinen wenig bekannt ist. Vermutlich kennt jeder den Schöpfer der *Mona Lisa*, und viele wissen, dass er ein guter Ingenieur war, aber wer hat je davon gehört, was Leonardo da Vinci auf dem Gebiet der Botanik geleistet hat? Andere Protagonisten meiner Geschichten, wie Washington Carver, sind zwar in ihrem Heimatland sehr bekannt, aber kaum im Ausland. Und manche kennt höchstens eine Handvoll Spezialisten.

Wer der Menschheit so viel gegeben hat, dem steht, so meine ich, auch ein angemessener Platz im allgemeinen Bewusstsein zu. Niemand veröffentlicht ein Foto der *Mona Lisa* ohne den Namen des Malers, aber bei einem Bild der Titanwurz sagt uns kaum jemand, wer die Pflanze zuerst entdeckt, klassifiziert und in die botanischen Gärten der halben Welt eingeführt hat. Ich bin wahrlich ein großer Kunstliebhaber, aber als Forscher schmerzt es mich immer wieder, dass wissenschaftliche Erkenntnisse weniger Anerkennung finden als künstlerische Leistungen. Die Namen der Wissenschaftler, die mit ihrer unermüdlichen, häufig schlecht bezahlten Arbeit das Wissen der Menschheit gemehrt haben und sich dabei vielfach gegen Widerstände durchsetzen mussten, werden oft schlicht vergessen oder gedankenlos verwechselt.

Das ist nicht nur ungerecht, sondern auch unklug, denn die Unternehmungen, Ziele und Träume dieser Pioniere der Wissenschaft könnten Anreiz, Motivation und Leitfaden für unser eigenes Leben sein. Ihre Fehlschläge und die Feindschaften, denen sie ausgesetzt waren, weil sie hartnäckig an ihren Ideen festhielten, verraten uns viel über das Leben und die Liebe zur Wissenschaft.

Viele Entdeckungen, über die ich in diesem Buch berichte, haben unsere Welt verändert. Wenn wir die wachsende Weltbevölkerung mit ihrem zunehmenden Energiebedarf in den nächsten Jahrzehnten ernähren wollen, dann brauchen wir die visionäre Kraft, die die Protagonisten dieses Buchs besaßen. Laut Welternährungsorganisation muss die Landwirtschaftsproduktion bis 2050 um siebzig Prozent zunehmen, wenn sie der wachsenden Weltbevölkerung – die dann bei 9,3 Milliarden liegen dürfte – und ihren zu erwartenden veränderten Ernährungs- und Konsumgewohnheiten gerecht werden soll. Ich bin davon überzeugt, dass eine solche Produktionssteigerung nur gelingen kann, wenn sich unsere Vorstellung von Landwirtschaft grundlegend wandelt und wir auch die Meere als landwirtschaftliche Produktionsstätte nutzen.

Die Forschungsgruppe, die ich an der Universität Florenz leite, hat deshalb gemeinsam mit Pnat, dem Spin-off unserer Universität (www.pnat.net), ein autarkes schwimmendes Gewächshaus entwickelt, das, so unsere Hoffnung, dazu beitragen kann, das Problem des steigenden Nahrungsbedarfs auf unserer Erde zu lösen. Das schwimmende Gewächshaus ist in puncto Boden, Wasser und Energie vollkommen autonom. Anders gesagt: Weil es auf dem Meer schwimmt, benötigt es keine Erde; weil es Meerwasser entsalzen kann, kein Süßwasser; und weil es seinen Strom aus Sonnenlicht und Wellenbewegungen bezieht, kann es sich selbst mit Energie versorgen. Wir konnten die simple Meeresfabrik, in der viel innovative Technologie steckt, auf der Expo 2015 präsentieren, deren Hauptmotto ja lautete: »Den Planeten ernähren«.

Ist das nun Fantasterei? Ich glaube nicht, eher eine veränderte Einstellung oder, wenn man so will, eine neue Sicht auf die Dinge. So ähnlich wie der Perspektivwechsel, den viele Protagonisten dieses Buches gewagt haben, weil sie – ob als Botaniker, Genetiker, Philosophen, Landwirte oder schlichte Naturliebhaber – unbeirrt an die Wissenschaft glaubten und sie zum Vorteil des Menschen nutzten.

Die meisten Städter haben heute im Grunde keine Beziehung mehr zur Pflanzenwelt. Pflanzen sind für sie nur noch angenehmes Beiwerk oder Bestandteile eines hübschen Landschaftsbildes. Aber der Fortschritt, den wir zu Recht anstreben, darf uns nicht unseren Wurzeln entfremden und unsere Beziehung zur Natur beeinträchtigen. Die zunehmende Abholzung des Regenwalds führt schon heute zu enormen Schäden und verändert oder zerstört das sensible Gleichgewicht der vorhandenen Ökosysteme. Die Folgen des ökonomischen Irrwegs werden sich allerdings erst in vollem Umfang zeigen, wenn der Schaden irreparabel geworden ist. Wenn bislang unerforschte Pflanzenarten aussterben, ist das allein unter Nutzengesichtspunkten ein unschätzbarer Verlust an Ernährungs- und Heilungschancen. So werden beispielsweise über sechzig Prozent der heute eingesetzten oder getesteten Mittel zur Krebsbekämpfung größtenteils aus Pflanzen gewonnen. Es liegt also auf der Hand, dass die Bewahrung der Artenvielfalt für unser eigenes Überleben von fundamentaler Bedeutung ist.

Die Geschwindigkeit, mit der wir die Ressourcen unserer Erde verbrauchen, hat in den letzten Jahren besorgniserregend zugenommen. Es ist eine Geschwindigkeit, die keine Erholung der Ressourcen mehr zulässt. Wenn man von einem Bankkonto laufend Geld abhebt, und zwar schneller, als das Konto wieder aufgefüllt wird, ist jedem klar, dass große Probleme oder ein Bankrott die Folge sein werden. Doch während uns die alltägliche Erfahrung die negativen Folgen eines unklugen Finanzgebarens umgehend vor Augen führt, lehrt unser Alltag uns nicht, welche furchtbaren Folgen der Missbrauch unserer begrenzten irdischen Ressourcen hat.

Nur wenn wir vor allem junge Menschen für solche Themen sensibilisieren können, wie es, nebenbei bemerkt, Papst Franziskus mit seiner Umweltenzyklika versucht hat, werden wir das Wohlergehen der Menschheit und der Erde – als Ganzes begriffen – sicherstellen können. Junge Menschen werden die Gefühle und die Begeisterung, die die Protagonisten dieses Buches angetrieben haben, vermutlich am ehesten verstehen. Und wir brauchen heute mehr denn je Vorbilder, die uns zum Gemeinsinn, zum Schutz der Natur und dem Respekt gegenüber allen Lebewesen ermuntern – statt zur persönlichen Vorteilnahme. In diesem Sinne ist es auch heute unser aller Aufgabe, Menschen zu fördern, deren Talent sonst verschwendet wäre.

Die Reihenfolge der Lebensgeschichten in diesem Buch orientiert sich an keiner Chronologie oder wie auch immer gearteten Skala der Bedeutsamkeit. Um ehrlich zu sein, fiel mir erst im Nachhinein auf, dass sie dennoch einer gewissen Logik gehorcht: Die ersten drei Protagonisten sind Landwirte, die folgenden sechs Naturwissenschaftler, und die letzten drei haben auf anderen Gebieten Berühmtheit erlangt und sich sozusagen nur als Hobby mit Pflanzen beschäftigt. Nennen wir sie Liebhaber.

Einige der Protagonisten mussten gegen erhebliche Schwierigkeiten und Vorurteile kämpfen, ehe ihre Ideen – manchmal erst lange nach ihrem Tod – Anerkennung fanden. Der eine starb im Kerker, andere wurden verlacht oder verarmten. Und manche sind wahre Helden: Die Bedeutung ihrer Forschungsarbeit wirkt weit über ihre Zeit hinaus. Ich bin allen gleichermaßen dankbar für das, was ich von ihnen lernen durfte, und ich erzähle ihre Geschichten in der Hoffnung, damit andere Pflanzenliebhaber, ob Wissenschaftler oder Laien, zu inspirieren. Als Visionäre und Pioniere besaßen sie nämlich den Mut, ein Stück weiter zu denken, und jeder von ihnen hat – von seiner Liebe zu den Pflanzen ausgehend – die Welt ein wenig verändert. Es gibt vielleicht andere Möglichkeiten, das zu tun, doch keiner, glaube ich, wohnt ein solcher Zauber inne.

Jemand hat mich darauf aufmerksam gemacht, dass alle Protagonisten dieses Buches Männer sind. Meine Auswahl hat jedoch sicher nichts mit Frauenfeindlichkeit zu tun. Selbstverständlich gibt und gab es berühmte Botanikerinnen, wenn auch bedauerlicherweise nicht viele. Es wären sicherlich mehr, wenn Frauen immer dieselben Bildungschancen gehabt hätten wie Männer. Doch selbst als Frauen studieren durften, war es für sie aufgrund einer diffusen Frauenfeindlichkeit schwer, ihre Arbeit öffentlich sichtbar zu machen. Fest steht aber auch, dass zur Zeit unserer Urahnen die Männer auf die Jagd gingen, während die Frauen die Früchte des Bodens sammelten. Sie lernten so als Erste, Pflanzenarten zu erkennen, giftige von unschädlichen und Nahrungs- von Heilpflanzen zu unterscheiden. Darum denke ich, dass die Frauen ihre Vorrangstellung in puncto Pflanzenwissen schon bald zurückerobern werden. Jedenfalls sind sie unter meinen Studierenden zweifellos in der Mehrzahl. Außerdem hoffe ich, dass ich den Mangel in Kürze wettmachen kann: mit einem weiteren Buch über das Leben von Frauen und Männern, die die Pflanzen lieben. Aber das wird auch davon abhängen, wie Ihnen dieses Buch gefällt. In diesem Sinne wünsche ich Ihnen jedenfalls viel Spaß bei der Lektüre.

George Washington Carver (1864–1943)

George Washington Carver und die Erdnuss

GEORGE WASHINGTON CARVER kam im amerikanischen Bürgerkrieg, um das Jahr 1864, in der ärmlichen Hütte einer Südstaatenfarm zur Welt. Sein genaues Geburtsdatum ist unbekannt. »Ich wüsste auch gern, wann genau ich geboren wurde«, sagte er einmal, »aber niemand machte sich damals die Mühe, das Geburtsdatum eines Sklavenkinds festzuhalten, und da war ich keine Ausnahme.« Wer 1864 in den amerikanischen Südstaaten Sklave war, besaß buchstäblich nichts, nicht einmal einen Namen. George Washington Carver war eigentlich George Washington *des* Moses Carver. Georges Mutter gehörte zum Eigentum des mittelmäßig wohlhabenden Farmers Carver in Missouri.[1]

Als Sklave und Sohn von Sklaven auf einer Farm im tiefen amerikanischen Süden steht Carvers abenteuerreiches Leben zunächst unter keinem guten Stern und scheint sich sogar bald noch zum Schlechteren zu wenden: Als sechs Wochen alter Säugling wird er zusammen mit seiner Mutter und einer Schwester von einer Bande geraubt, die es auf Tiere und Sklaven abgesehen hat, und in Arkansas verkauft. Doch glücklicherweise ist Moses Carver ein fürsorglicher Sklavenhalter und erträgt es vor allem nicht, wenn ihm jemand etwas wegnehmen will. Er begibt sich auf die Suche: Nach wenigen Wochen hat er die Bande aufgetrieben, und es gelingt ihm, George nach kurzen Verhandlungen gegen ein 300-Dollar-Rennpferd einzutauschen. Von Mutter und Tochter fehlt hingegen jede Spur.

Wenn das Leben eines Menschen so stürmisch beginnt wie das
von George Washington und er das nicht nur überlebt, sondern sich
noch dazu seinen Wissensdurst und sein Vertrauen in die Welt bewahrt, dann muss er aus einem besonderen Holz geschnitzt sein.
George Carver, dieser schwarze Sohn Amerikas, hat das mit jedem
Tag seines langen und ruhmreichen Lebens bewiesen.

Nach der Abschaffung der Sklaverei[2] in den USA lebte er noch
ungefähr zehn Jahre auf der Farm seines ehemaligen Besitzers und
entwickelte durch den engen Kontakt mit der Natur ein reges Interesse für Pflanzen, das ihn ein Leben lang begleiten sollte. Später erinnert er sich:

> Tag für Tag streifte ich durch die Wälder, sammelte meine flo-
> ralen Schönheiten und pflanzte sie in meinen kleinen Garten.
> (…) Seltsamerweise schienen alle Pflanzen durch meine Pflege
> aufzublühen. Schon bald war ich als Pflanzendoktor bekannt,
> und man brachte mir von weit her Pflanzen, damit ich sie be-
> handelte.

Zu Carvers weiteren Interessengebieten jener von »unsystemati-
schem Wissensdurst« geprägten Tage gehörten Musik und Malerei.

George Carver ist lernbegierig. Mit wenigen Hilfsmitteln bringt
er sich das Lesen bei, erlernt Sprache und Grammatik.[3] Doch das un-
methodische Lernen stellt ihn nicht zufrieden; er spürt, dass er regelmäßigen Unterricht braucht.

Er beschließt darum, die kleine Schule im Städtchen Neosho zu
besuchen, fünfzehn Kilometer von der Farm entfernt. Die Carvers
legen ihm keine Steine in den Weg, sind aber auch nicht bereit, ihn
finanziell zu unterstützen. So macht sich George, kaum älter als
zehn Jahre und ohne einen Cent in der Tasche, auf den mühseligen
Weg in ein neues Leben. Er durchquert Felder, erklimmt Hügel,
überwindet Hecken und Bretterzäune und erreicht schließlich an
einem Spätnachmittag des Jahres 1875 das ihm völlig unbekannte

Neosho. Erstmals im Leben allein auf sich gestellt und weit weg von der Farm, steht er vor zahlreichen Herausforderungen und Schwierigkeiten. Er hat kein Geld. Wie er sich später erinnert, »besaß ich keinen Cent, kannte niemanden und wusste nicht, wo ich schlafen sollte«. Doch er richtet sich in einem alten Heuschober ein und kann sich mit Hilfsarbeiten über Wasser halten. Obwohl er allein und obdachlos ist und nur dank körperlich anstrengender Arbeiten überleben kann, schafft er es, die Schule von Neosho mit Erfolg zu besuchen, eine Schule, mit der es nach seinen eigenen Worten nicht weit her ist:

> Der Lehrer war unvorbereitet. Das Schulgebäude war eine einfache Holzhütte, die im Sommer stickig heiß und im Winter bitterkalt war. Die Schulbänke besaßen keine Rückenlehne und waren so hoch, dass die Schüler mit den Füßen nicht den Boden erreichten. Von einer schulischen Ausstattung hatte man dort noch nichts gehört. Was immer man sich an Unannehmlichkeiten vorstellen kann, gab es, würde ich sagen, an dieser Schule.

Doch selbst die bescheidene Schule und der unzulängliche Lehrer konnten die Fantasie des Jungen anregen. Wie George W. Carver Jahre später erzählt, begreift er dort, was er im Leben wirklich will: ein »Pflanzenfachmann« werden.

Nach einem Jahr hat er alles gelernt, was ihm die Schule von Neosho zu bieten hat, und zieht weiter; er nimmt in verschiedenen Orten der amerikanischen Südstaaten Gelegenheitsarbeiten an und beendet die weiterführende Schule schließlich in Fort Scott in Kansas. Dann schmiedet er Pläne für ein Universitätsstudium.

Im Jahr 1890 war es für einen Schwarzen nicht leicht, zu studieren. Genauer gesagt: Es war in den Vereinigten Staaten, einem Land, in dem Apartheit und Rassismus noch jahrzehntelang an der Tagesordnung sein sollten, noch nie vorgekommen. Man darf nicht vergessen, dass wir uns im Jahr 1890 befinden. Es sollten noch fünfundsechzig Jahre vergehen, bevor der Oberste Gerichtshof der Vereinigten Staaten von Amerika verkündete, dass Universitäten Bewerber nicht aufgrund ihrer Hautfarbe ablehnen dürfen.

Dass in seinem Land noch nie ein Schwarzer studiert hat, schreckt George Carver nicht ab. Als er von einer ihm passend scheinenden Universität in Iowa erfährt, schickt er seine Bewerbungsunterlagen dorthin. Und hält eine Woche später die Aufnahmebestätigung in der Hand. Glücklich, dass alles so unkompliziert verläuft, macht er sich umgehend nach Iowa auf. Die Reise verschlingt seine letzten Ersparnisse, und am Ziel warten schlechte Nachrichten auf ihn: Das College bedauere seinen Fehler außerordentlich, aber das winzige Detail der Hautfarbe, auf das Carver in seiner Bewerbung vorsichtshalber hingewiesen hatte, sei von einem unaufmerksamen Angestellten, der damit vermutlich nicht gerechnet habe, übersehen worden. Die Verantwortlichen bedauerten außerordentlich, aber der Schwarze Carver könne die Vorlesungen der Universität leider nicht besuchen.

Doch einmal mehr verliert Carver nicht den Mut. Da bräuchte es schon anderes; außerdem hatte er damit gerechnet, dass es nicht einfach würde. Im Jahr 1890 nimmt das Simpson College in Indianola den schwarzen Studenten schließlich auf. Jetzt trennt Carver nur noch eins von seinem Lebenstraum: das Geld, um das College zu bezahlen. Er nimmt jede Arbeit an, die er kriegen kann: Teppichreiniger, Wäscher, Pferdeknecht oder erster Hotelkoch. Nach einem Jahr hat er so viel Geld zur Seite gelegt, dass er die Aufnahmegebühr begleichen kann.

Seine finanzielle Situation war so miserabel, erinnert sich Carver, dass ihm nach Begleichung der Einschreibegebühr »noch genau zehn Cent blieben. Für fünf Cent kaufte ich Maismehl und für die anderen fünf Schweinefett. Davon konnte ich dann eine Woche leben.«[4]

Doch das Simpson College in Indianola ist vor allem auf die schönen Künste spezialisiert, die Naturwissenschaften haben dort

George Washington Carver (Mitte, vorn) mit dem Lehrkörper des Tuskegee Institute im US-Bundesstaat Alabama

nur einen untergeordneten Stellenwert. Carver möchte aber unbedingt die Pflanzenwelt erforschen. Wieder lässt er sich nicht entmutigen, und nach endlosen Anläufen wechselt er schließlich an das Iowa State College von Ames, wo er 1894 die Bachelorprüfung in Agrarwissenschaften ablegt – als erster schwarzer Universitätsabsolvent in den Vereinigten Staaten – und zwei Jahre später den Master. Am Iowa State College arbeitet er – wiederum als erster Schwarzer – als Assistent für Botanik. Professor James Wilson, später Landwirtschaftsminister unter den Präsidenten McKinley, Roosevelt und Taft, hat ihn unter seine Fittiche genommen. Als der Bundesstaat Alabama 1897 ein Gesetz zum Aufbau einer Landwirtschaftsschule und Versuchsstation für Schwarze am Tuskegee Institute erlässt, steht George Washington Carver schon in den Startlöchern. Auf das Schreiben des Institutsleiters, mit dem dieser ihn einlädt, dem Lehrkörper der Landwirtschaftsschule beizutreten und das dortige Lehrprogramm zu leiten, antwortet Carver voller Selbstbewusstsein:

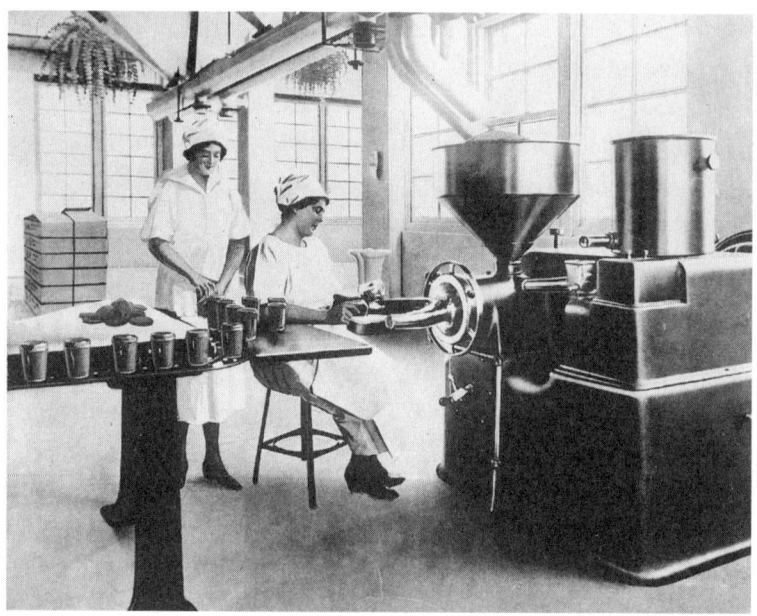

Arbeiterinnen an einem der ersten Fließbänder zum Abfüllen von Erdnussbutter

> Es war stets mein großer Lebenstraum, möglichst vielen Ange-
> hörigen meines Volkes möglichst viel Gutes zu tun, und auf die-
> ses Ziel habe ich viele Jahre meines Lebens hingearbeitet, denn
> ich glaube, dass das Bildungssystem der Schlüssel ist, um mei-
> nem Volk das goldene Tor der Freiheit zu öffnen.

Carver blieb siebenundvierzig Jahre, bis zu seinem Tod im Jahr
1943, in Tuskegee. Er unternimmt während dieser Zeit unzählige
Anstrengungen, um das Bildungsniveau der ehemaligen Sklaven an-
zuheben, die in den Südstaaten nun großteils als arme Bauern leb-
ten. So entwickelt er ein ambulantes Lehrpult, mit dem er und andere Lehrkräfte aus Tuskegee die Höfe – per Pferdekarren –
aufsuchen und die Bauern, ob weiß oder schwarz, über neue An-
baumethoden unterrichten und ihnen helfen, Fehler bei der Bestel-
lung der Äcker zu vermeiden.

Zu den gefährlichsten Fehlern zählt für Carver die Baumwoll-monokultur – womit er, bedenkt man die gewaltigen aktuellen Probleme durch Monokulturen, seiner Zeit weit voraus ist. Er erkennt, dass die Böden durch Monokulturen ausgelaugt werden, die Ernten zurückgehen und, was ihn am meisten beschäftigt, dass die Bauern verarmen. Er entwickelt und propagiert daher ein Fruchtfolgesystem, bei dem im Wechsel Erdnüsse und Baumwolle angebaut werden. Sein System wird allgemein angenommen, so gut sogar, dass er beinah zum Opfer seines eigenen Erfolgs wird. Als die Landwirte auf Carvers Geheiß abwechselnd Erdnüsse und Baumwolle anbauen, erzielen sie verblüffende Erntemengen; doch obwohl die meisten Erdnüsse als Viehfutter Verwendung finden, sammeln sich schon bald enorme Restbestände an, die in den Scheunen verfaulen.

Carver sucht nach neuen Verwendungsmöglichkeiten für Erdnüsse – wohlgemerkt zu einer Zeit, als diese vom Menschen noch verschmäht wurden. Ein Klacks für ein Genie wie Carver. Schon bald hatte er dreihundert neue Möglichkeiten gefunden, wie man die Restbestände verwenden konnte, beispielsweise – nur um sich eine Vorstellung von seinem außergewöhnlichen Erfindergeist zu machen – als Erdnussderivat bei der Produktion von Klebstoff, Pomade, Bleichmittel, Chilisauce, Brennstoffplatten – die wir heute Biobrennstoff nennen würden –, Tinte, Löskaffee, Gesichtscreme, Shampoo, Seife, Linoleum, Mayonnaise, Metallreiniger, Papier, Kunststoff, Rasiercreme, Schuhputzmittel, Synthetikgummi, Straßenbelag, Talkum oder Fleckentferner für Möbel. Und natürlich in Form von Lebensmitteln wie Erdnussbutter, Milch, Käse oder Erdnussöl. Seine Ideen sollten die amerikanischen Nahrungsgewohnheiten – und die Landwirtschaft – für immer verändern. Und Carver beschränkte sich nicht auf Erdnüsse. Offenbar hatten die Bauern auch Probleme mit der Vermarktung anderer Anbauprodukte: Carver entwickelte auch Hunderte neuer Verwendungsmöglichkeiten für Süßkartoffeln, Sojabohnen oder Pekannüsse.

Carver arbeitet unermüdlich. Nicht nur als Forscher; er veröffentlicht seine Ideen zur Verwendung von Tomaten, die in den USA damals noch als ungenießbar galten, von Süßkartoffeln oder Erdnüssen auch in Mitteilungsblättern, die in die Geschichte der amerikanischen Landwirtschaft eingehen sollten. Die Titel seiner Mitteilungen – *Wie man Tomaten anbaut und auf 115 Arten zubereitet*, *Wie man Haselnüsse anbaut und auf 105 Arten zubereiten kann*, *Wie man Süßkartoffeln haltbar machen und zubereiten kann* – belegen, wie sehr er davon überzeugt ist, dass seine Forschungsergebnisse das Universitätslabor verlassen und den Bauern durch geeignete Publikationen bekannt gemacht werden müssen.

Jedenfalls ist es dem Erfindergeist und der Arbeit von George W. Carver zu verdanken, dass der Erdnusspreis, der wenige Jahre zuvor noch gegen null tendiert hatte, während der Großen Depression einen ungeahnten Höhenflug erlebte und in den Südstaaten ein Markt im Wert von über 250 Millionen Dollar entstand. Allein durch den Verkauf von Erdnussöl konnten die Bauern 60 Millionen Dollar erwirtschaften, und in nur wenigen Jahren entwickelte sich die Erdnussbutter zum amerikanischen Nahrungsmittel schlechthin.

Carvers Lebensgeschichte scheint umso bemerkenswerter und nötigt einem noch mehr Bewunderung ab, wenn man weiß, dass seine großartigen Leistungen, die den Wohlstand seines Landes mehrten, ihm selbst keinen Cent einbrachten. George W. Carver lebte bescheiden und steckte den Großteil seines Gehalts – und einzigen Einkommens – in die von ihm gegründete Stiftung zur Förderung der Agrarforschung. Von den fünfhundert Verwendungsmöglichkeiten landwirtschaftlicher Derivate, die er entwickelte, ließ er sich nur drei Erdnussderivate für die Kosmetik patentieren. Und wenn ihm jemand die enormen Gewinne vor Augen führte, die ihm dadurch entgingen, antwortete er nur: »Als Gott die Nüsse erschuf, präsentierte er uns auch keine Rechnung. Wieso sollte ich dann an Erdnussderivaten verdienen?«

Thomas Alva Edison, der dagegen mit Argusaugen über seine

George W. Carver in seinem Labor

Erfindungen wachte, versuchte mit allen Mitteln, Carver als Mitarbeiter zu gewinnen. »Carver ist eine Goldgrube«, sagte er und bot ihm astronomische Summen – die Carver regelmäßig ablehnte.

George Washington Carver zählt zweifellos zu den bekanntesten amerikanischen Persönlichkeiten an der Wende zum 20. Jahrhundert und war vermutlich der berühmteste schwarze US-Amerikaner seiner Zeit. Henry Ford sagte über ihn: »Professor Carver hat den

Platz Thomas Edisons als größter lebender amerikanischer Wissenschaftler eingenommen.« Und Senator Champ Clark nannte ihn »einen der weltweit bedeutendsten Forscher aller Zeiten«.

Als Carver am 5. Januar 1943 starb, überzeugte Präsident Franklin D. Roosevelt den amerikanischen Kongress, Carvers Geburtshaus zum nationalen Denkmal zu erklären, eine Ehre, die bis dahin nur George Washington und Abraham Lincoln zuteilgeworden war. Seit 1977 ist Carvers Name zudem in der New Yorker »Hall of Fame« verewigt, und am 5. Januar jeden Jahres ehren die Amerikaner Carver und seine revolutionären Erfindungen auf dem Gebiet der Agrarwissenschaften mit dem »George Washington Carver Recognition Day«.

Nikolai Iwanowitsch Wawilow (1887–1943)

Nikolai Iwanowitsch Wawilow, der die Russen satt machen wollte und den Hungertod starb

NIKOLAI IWANOWITSCH WAWILOW kommt am 25. November 1887 als Sohn einer reichen Moskauer Kaufmannsfamilie zur Welt. Seinen Vater Iwan, ein bettelarmes Bauernkind, hatte man dank seiner wundervollen Stimme im Alter von zehn Jahren aus einem gottverlassenen Dorf in den endlosen Weiten Russlands nach Moskau geschickt, um in einem Kirchenchor zu singen. Damit begannen Aufstieg und Glück der Familie Wawilow. Obwohl Iwan Wawilow über keinerlei Bildung verfügt, macht ihn sein guter Geschäftssinn schon bald zum wohlhabenden Miteigentümer und Leiter einer der größten Textilfabriken des Landes. Seine beiden Söhne, die nach dem Wunsch des Vaters eigentlich in die Firma einsteigen sollen, werden berühmte Wissenschaftler. Nikolai, der Ältere, wird zu einem der Gründerväter der Pflanzengenetik und Sergei ein renommierter Physiker, der jahrzehntelang Präsident der Sowjetischen Akademie der Wissenschaften und Mitentdecker des Wawilow-Tscherenkow-Effekts ist, für den Tscherenkow 1958, sieben Jahre nach Sergei Wawilows Tod, den Nobelpreis für Physik erhalten sollte.

Nikolai Wawilows wissenschaftliche Laufbahn beginnt 1906: Mit einem Handelsschulabschluss in der Tasche schreibt er sich am Landwirtschaftlichen Institut in Moskau ein, einer der renommiertesten Hochschulen des Landes. Von Anfang an zeichnet er sich

durch ein gewaltiges Arbeitspensum und außerordentliche Fähigkeiten aus: 1908 nimmt er an einer Forschungsreise in den Kauka-
sus teil, 1909 schreibt er eine Abhandlung über Darwins Abstam-
mungslehre, und 1910 beschäftigt er sich in seiner Abschlussarbeit
mit der Frage, wie man Nutzpflanzen vor Krankheitskeimen schützen kann. Und schon 1912 legt Wawilow seine bahnbrechende Forschungsarbeit *Genetik und Agrarwissenschaften* vor, in der er detailliert das Arbeitsprogramm entwickelt, an dem er sein Leben lang
unbeirrt festhalten wird: nämlich mithilfe der Genetik die Eigenschaften von Nutzpflanzen zu verbessern. In den Jahren 1913 und
1914 rundet er sein Hochschulstudium schließlich durch Auslands-
reisen ab, die ihn zu den angesehensten europäischen Forschungs-
laboren führen: nach Cambridge in Großbritannien, wo William
Bateson sein Labor hat, nach Paris in das Institut Pasteur und nach
Deutschland.

Besonders der Besuch bei Bateson, dem wir das Wort »Genetik«
verdanken und der einer der Gründerväter der gerade aufkommen-
den Wissenschaft ist, beeindruckt Nikolai Wawilow nachhaltig und
bestärkt ihn in der Überzeugung, dass man Nutzpflanzen mithilfe
der Vererbungslehre wesentlich wirksamer verbessern könne als
durch herkömmliche Zuchtmethoden. Der Agrarwissenschaftler
Nikolai Wawilow ist der Erste, der die praktischen Anwendungsmöglichkeiten der Genetik erkennt und das revolutionäre Potenzial,
das sie für die Landwirtschaft bereithält.

Seine Lebensaufgabe sieht Wawilow ab nun darin, neue genetische Nutzpflanzenvarianten mit außergewöhnlichen Eigenschaften
zu entwickeln. Dabei geht es um mehr als bloße Leidenschaft: Er ist
überzeugt davon, dass das Schicksal der UdSSR von Superpflanzen
abhängt, die er hoffentlich entwickeln wird. Die russische Revolution hat die Landwirtschaft ins Chaos gestürzt. Die neue Sowjetunion, einst die Kornkammer Europas, kann sich nicht einmal mehr
selbst ernähren.

Wawilows Plan ist ebenso einfach wie genial: Er will die besten

*Nikolai Wawilow auf einer seiner Forschungsreisen im Iran,
wo er nach Getreidesamen suchte*

Eigenschaften aller weltweiten Varianten der bedeutsamen Kultur-
pflanzen in einer Reihe von Superpflanzen vereinigen, die das Land
ernähren werden. Er ist überzeugt, dass sich die besten Pflanzen-
merkmale quasi wie in der Werkshalle zu Supervarianten montie-

Russische Bäuerinnen einer Kolchose marschieren in Richtung Arbeitsplatz.
Sie ersetzen die Männer, die als Soldaten der Roten Armee
gegen die »Weißen« kämpfen.

ren lassen: zu Obstbäumen, die gegen jeden Erreger resistent sind, oder zu Supergetreidesorten, die die Erträge von Flachlandvarianten mit der Frostbeständigkeit von Bergvarianten verbinden. Er steht somit vor einer Herkulesaufgabe, die viel Zeit und Geld erfordert. Denn die Arten mit den gewünschten positiven Eigenschaften sind vor Ort natürlich nicht alle verfügbar. Es sind also umfangreiche Forschungsreisen erforderlich, mit dem alleinigen Ziel, Pflanzenexemplare zu sammeln und ihre Samen in Russland zu konservieren.

Als man Wawilow 1916 in den Iran schickt, um herauszufinden, warum dort so viele russische Soldaten mit Vergiftungserscheinungen sterben, erkennt er schnell, dass das Getreide, das man dort zum Brotbacken verwendet, von Fusarium, einem Schimmelpilz, befallen ist. Und er nutzt die günstige Gelegenheit, um die Pflanzen zu erforschen, die man im Iran und in den Bergen von Turkmenistan und Tadschikistan anbaut. Bei seiner Rückkehr nach Russland hat er Zigtausende Pflanzenexemplare im Gepäck: die Grundlage seiner außerordentlichen Sammlung.

In den 1920er-Jahren bis Anfang der 30er-Jahre leitet Wawilow schließlich ein Expeditionsprogramm, um weltweit Nutzpflanzen zu erforschen. Er organisiert – und führt häufig selbst hoch zu Ross – hundertfünfzehn Expeditionen in vierundsechzig Länder, unter anderem in den Iran, nach Afghanistan, Taiwan, Korea, Spanien, Algerien, Palästina, Eritrea, Argentinien, Bolivien, Peru, Brasilien, Mexiko oder Kalifornien, Florida und Arizona in den Vereinigten Staaten. Bei seiner Pflanzensuche konzentriert er sich auf »Gegenden, in denen von alters her Landwirtschaft betrieben wird und eine autochthone Kultur entstanden ist«.

Auf der Grundlage der Erfahrungen, die er auf seinen zahlreichen Expeditionen gesammelt hat, kann Wawilow schließlich in seinem Werk *Ursprung, Variation, Immunität und Kreuzung von Nutzpflanzen* seine Theorie von den Ursprungszentren der Nutzpflanzen darlegen, die er 1926 weiter präzisiert: Das Ursprungszentrum einer Art ist die Region mit der größten Diversität. Diese Zentren liegen nach Wawilow in eng umgrenzten geografischen Regionen der Welt, vor allem in den Bergländern Asiens und Afrikas, entlang der Mittelmeerküste sowie in Mittel- und Südamerika. Wawilow entdeckt, dass ungefähr ein Drittel aller weltweiten Nutzpflanzenarten ursprünglich aus Südostasien stammt, die wichtigsten fruchttragenden Pflanzen in Asien und dem Mittelmeerraum beheimatet sind und Wurzel-, Knollenpflanzen und tropische Früchte vorwiegend aus Mittelamerika und den Anden kommen.

Die Ausbeute seiner Expeditionsreisen baut Wawilow zu einer riesigen Sammlung auf: Er lagert über fünfzigtausend Wildpflanzenarten und einunddreißigtausend Getreidesorten in einem gewaltigen unterirdischen Bunker seines Instituts in Sankt Petersburg. Und von jeder gesammelten Pflanze bewahrt er die Samen auf. Er weiß, dass das Samenkorn eine widerstandsfähige Überlebenskapsel ist, die nicht nur den Embryo der Pflanze, sondern auch dessen Nahrung enthält. Um das genetische Erbe zu bewahren, gibt es nichts Besseres als das Samenkorn.

Auch hier erweist sich Wawilow als Pionier. Er begreift, dass man mit einem Samenkorn das bewahren kann, was wir heute Biodiversität nennen, und baut als Erster eine riesige Samengutbank auf – die bis heute funktionstüchtig ist. Sein Beispiel findet in den folgenden Jahren zahlreiche Nachahmer: Überall auf der Welt entstehen Keimplasmabanken. Doch für Wawilow ist die Sammlung in Sankt Petersburg – damals Leningrad – nur der erste Schritt seines komplexen, aufwendigen Projekts, eine Generation von Superkulturen hervorzubringen.

Lenin ist von Wawilows Zukunftsvision der sowjetischen Landwirtschaft überzeugt und ernennt ihn zum Leiter der wichtigsten agrarwissenschaftlichen Institute des Landes. Schon bald hat Wawilow bedeutende Ämter inne: Präsident der Geografischen Gesellschaft der Sowjetunion, Leiter des Sowjetischen Instituts für Genetik, Leiter des Allunions-Instituts für Pflanzenzüchtung und schließlich das prestigeträchtigste Amt: Präsident des Lenininstituts für Agrarwissenschaften. Auf Wawilows Schultern ruht nun eine immense Verantwortung, und als Wissenschaftler verfügt er endlich über optimale Möglichkeiten, um sein ehrgeiziges Programm der genetischen Züchtung in die Praxis umzusetzen.

Die Züchtung neuer Pflanzensorten mit vorteilhaften Merkmalen hat bis dahin buchstäblich Jahrzehnte gedauert, wenn nicht gar Jahrhunderte. Und Wawilow ist klar, dass die Kenntnis der Vererbungsgesetze zwar eine wesentlich schnellere Arbeitsweise ermöglicht, sein Vorhaben aber selbst bei optimistischer Schätzung noch immer langwierig bleibt. Die Zeitfrage ist für Wawilow der entscheidende Punkt. Das sowjetische Volk stirbt vor Hunger; es ist Eile geboten.

Man arbeitet in rasender Geschwindigkeit: Expeditionen, Erforschung der Merkmale der mitgebrachten Pflanzen – in der ganzen

Propaganda des Sowjetregimes:
»Kommt zu uns in die Kolchose!«

Plakat, das zum Kampf gegen
Nahrungsmittelspekulanten aufruft

Sowjetunion entsteht ein Netzwerk aus Versuchsstationen, an denen die Leistungsfähigkeit der neuen Sorten erprobt wird. Und zwar in nur wenigen Jahren. Wie Wawilows Mitarbeiter berichten, lautet ein Lieblingssatz von Wawilow: »Das Leben ist kurz, man muss sich beeilen.« Und da weiß er noch nicht, wie recht er behalten sollte.

Seit 1929 ächzt die Sowjetunion unter Josef Stalins Knute. Dem neuen russischen Führer mangelt es an jeglicher wissenschaftlichen Kenntnis; für Wawilow hegt er keinerlei Sympathien. Unter dem Einfluss seines Hof-Pseudowissenschaftlers Trofim Lyssenko ist Stalin der Meinung, die Ernteerträge ließen sich ausschließlich durch neue Techniken steigern. Er will nicht auf Wawilows Ergebnisse warten. Man hat ihm eingeflüstert, es gäbe keine Gene, was zähle, sei allein das Umfeld einer Pflanze. Diese Vorstellung passt erheblich besser in die marxistische Ideologie, für die die Abstammung bedeutungslos ist.

Schon bald wird die Genetik zu einer Erfindung der »westlichen

bürgerlichen Propaganda« erklärt. Bedeutende sowjetische Geneti-
ker verschwinden plötzlich von der Bildfläche. In jenen Jahren zwingen mehrere katastrophale Ernten die Sowjetunion in die Knie. Stalin braucht einen Sündenbock. Wawilow,
ein ungeliebter Konkurrent mit beneidenswerten wissenschaftlichen Erfolgen, wird von Lyssenko und seinen Mitarbeitern mehrfach denunziert. Bei einem Empfang im Kreml im März 1939 äußert Lyssenko gegenüber Stalin und Beria, dass seine eigene Arbeit
zum Nutzen der sozialistischen Wirtschaft durch Wawilow behindert werde, und fordert entsprechende Konsequenzen. Damit ist
Wawilows Schicksal besiegelt. Am 10. August 1940 wird er von Stalins Geheimpolizei NKWD in den Bergen der Ukraine, wo er gerade nach neuen Pflanzen sucht, verhaftet. Dasselbe Schicksal ereilt in
den darauffolgenden Tagen seine engsten Mitarbeiter, die Wissenschaftler Karapatschenko, Lewitzki, Goworow und Kowalew.

Nach elf Monaten Untersuchungshaft und 1700 Stunden bruta-
ler Verhörmethoden – mit mehr als 400 Verhören von teils über 13
Stunden – wird Wawilow im Juli 1941 vor dem Militärkolleg des
Obersten Gerichtshofs angeklagt. Der Prozess dauert nur wenige
Minuten und endet mit der Höchststrafe, dem Todesurteil, da Wawilow sich der »Beteiligung an einer rechten Verschwörung, der
Spionage zugunsten Großbritanniens, der Sabotage der Landwirtschaft und der Beziehung zu staatsfeindlichen Emigranten« schuldig gemacht habe. Die Todesstrafe wird später in zwanzig Jahre Haft
umgewandelt, doch die Haftbedingungen im Gefängnis von Saratow sind unmenschlich: Ein Jahr lang darf Wawilow seine winzige
Zelle ohne Waschgelegenheit nicht verlassen. Es gibt keine Toilette,
er ist unterernährt.

Während Wawilow im Gefängnis um sein Leben kämpft, gerät
auch sein wichtigstes Werk, die Samengutbank, in höchste Gefahr.
Nach Hitlers Überfall auf Russland – dem sogenannten »Unternehmen Barbarossa« – wird Leningrad 1941 eingekesselt. Die riesige
Sammlung wird zur begehrten Beute: für nationalsozialistische Ver-

erbungsforscher wie Heinz Brücher, aber auch für die hungernde
russische Bevölkerung. Noch ehe Hitlers Truppen die Stadt erreichen, ordnet Stalin die Auslagerung der Kunstsammlung aus der
Ermitage und dem Winterpalast und von allem an, was er sonst in
Leningrad für wertvoll hält. Die Samengutbank von Wawilow gehört nicht dazu. Sie gilt als Liebhaberei der »bürgerlichen Wissenschaften«. Stalin mag den Wert der Samen nicht begreifen, die Deutschen
kennen ihn aber sehr wohl. Die Frage der Lebensmittelautarkie
beschäftigt Nazideutschland auf obsessive Weise, Wawilows Sammlung wäre eine wichtige Kriegsbeute. Die Eroberung der russischen
Forschungszentren wurde schon vor Hitlers Russlandfeldzug von
Wissenschaftlern des Kaiser-Wilhelm-Instituts, dem Vorläufer des
jetzigen Max-Planck-Instituts, minutiös geplant. Die Botaniker folgen den vorrückenden Soldaten auf dem Fuße, und Anfang 1943
plündern deutsche Wissenschaftler ungefähr zweihundert Versuchsstationen in Russland und der Ukraine und bringen die
Sammlungen nach Deutschland. Doch Wawilows Hauptsammlung
sollte ihnen nicht in die Hände fallen. Dank des Heldenmuts von
Wawilows wissenschaftlichen Mitarbeitern ist sie während der
neunhundert Tage dauernden Belagerung Leningrads hinter den In-
stitutsmauern sicher verwahrt.

Das Institut beherbergte damals Samen von ungefähr zweihun-
derttausend Pflanzensorten, viele davon für Menschen genießbar.
Doch niemand rührte die Samen an. Die neun verbliebenen Forscher des Wawilow-Instituts – wie es nach der Rehabilitierung seines Gründers 1956 erneut hieß – verhungerten lieber, als von den
kostbaren Samen zu essen, die man ihnen anvertraut hatte. Mithilfe
der Samen, davon waren sie felsenfest überzeugt, könnte man, wenn
dem zerstörerischen Wüten Hitlers erst einmal ein Ende gesetzt
wäre, neue Pflanzen züchten und den Hunger endgültig besiegen.

Und niemand kann heimlich schummeln. Die Kontrollen sind
streng: Kein Mitarbeiter darf sich allein in den Räumen der Samm-

lung aufhalten, die Schlüssel sind im Tresor eines Institutsleiters verwahrt, und der Inhalt der Samenbehälter wird wöchentlich kontrol-
liert. Aber wie die beiden einzigen Überlebenden, dank derer wir
von dieser Heldentat wissen, erzählt haben, hätte sowieso keiner
auch nur im Traum daran gedacht, sich an den Samen zu vergreifen.
Als Erstes stirbt im Januar 1942 der Erdnussexperte Alexander
Schukin, an seinem Schreibtisch. Es folgen der Pflanzenmediziner
Georgi Krijer, der Chef der Reissammlung Dimitri Iwanow und später Lilija Rodina, M. Steheglow, G. Kowaleski, N. Leontjewski, A.
Malygina und A. Korzum. Als Leningrad am 18. Januar 1944 endlich befreit wird, liegt der Großteil der Sammlung längst an einem
sicheren Ort im Uralgebirge, der nur nach einem langen, beschwer-
lichen Fußmarsch entlang eines freien Korridors über den zugefro-
renen Ladogasee zu erreichen ist, über die »Straße des Lebens«.

Die Samen werden gerettet, nicht jedoch Wawilow. Der Mann,
der die Sowjetunion mit aller Kraft und Leidenschaft vor dem Hunger bewahren wollte, stirbt nach langen, quälenden Monaten am
26. Januar 1943 im Stalin-Gefängnis von Saratow den Hungertod
und wird in einem Massengrab verscharrt.

Und mit ihm stirbt die großartige Schule der russischen Genetik.

Ähren verschiedener Getreidesorten

Ephraim Wales Bull (1806–1895)

Ephraim Wales Bull und die Concord-Traube

WIR EUROPÄER SIND AUF UNSERE TRADITION, Wein aus *Vitis vinifera*-Trauben zu gewinnen, mächtig stolz. Nur selten machen wir uns bewusst, dass es auch in Nordamerika Weinbau gab und gibt. Als die Wikinger um das Jahr 1000 die amerikanischen Küsten erkundeten, tauften sie diese Gegend sogar *Vinland*. Und 1621 schrieb Edward Wislow über New England, dort würden »sehr süße und schmackhafte weiße und blaue Trauben« wachsen. Die ersten Jesuitenmissionare, die sich in Kalifornien niederließen, versuchten bereits, aus den üppig wachsenden Wildtrauben Wein zu gewinnen. Allerdings wohl mit wenig ermutigenden Ergebnissen, denn bald schon *konvertierten* sie zur europäischen *Vitis vinifera* und bauten die berühmte Weinrebe *Mission* an – wie sonst hätte sie heißen sollen. Die Rebe missionierte den Kontinent ein gutes Jahrhundert lang, von der Mitte des 18. Jahrhunderts bis 1860, und war schließlich die verbreitetste Sorte – bis die ersten europäischen Weinreben nach Nordamerika importiert wurden.

Einheimische amerikanische Sorten wie *Vitis lambrusca*, *Vitis aestivalis* oder *Vitis rotundifolia* waren eher Tafeltrauben und für die Weinproduktion kaum geeignet. Doch weil die Weinherstellung damals wie heute wirtschaftlich lukrativer war, setzten die ersten amerikanischen Winzer vor allem darauf – mit kläglichem Ergebnis. Nicht gerade rosige Aussichten also für den amerikanischen Traubenanbau. Das sollte sich erst gegen Mitte des 19. Jahrhunderts ändern, weil die meisten Winzer nun gesunden Menschenverstand bewiesen und überwiegend zum Anbau von Tafeltrauben übergingen. Ihre kluge Entscheidung hing vor allem mit einer neuen Rebsorte zusammen, der Concord: Die qualitativ außergewöhnlich hochwertige Traube entwickelte sich in nur wenigen Jahren zur wichtigsten Rebe des Kontinents. Ihr Schöpfer Ephraim Wales Bull und seine Traube sollen auf den folgenden Seiten die Hauptrolle spielen.

Ephraim Wales Bull wurde am 4. März 1806 in Boston, Massachusetts, geboren, als ältester Sohn des Silberschmieds Epaphras Bull. Die Familie wohnte in der Milk Street, nur wenige Hundert Meter von dem Haus entfernt, in dem etwa ein Jahrhundert zuvor Benjamin Franklin zur Welt gekommen war. Heute liegt die Milk Street mitten in Boston, doch damals befanden sich hinter den Häusern weitläufige Gärten. In einem davon entdeckte der junge Ephraim seine Liebe zu den Pflanzen und experimentierte mit dem Traubenanbau. Ephraim ist hochbegabt und gewinnt mehrere Schulwettbewerbe. Zugleich erlernt er das Goldschmiedehandwerk. Er spezialisiert sich auf sehr dünnes Blattgold und ist bald ein geschätzter und gefragter Kunsthandwerker.

Doch seine Gesundheit leidet unter dem Staub, den er bei der Goldschmiedearbeit einatmet, und schließlich sind seine Lungen so geschwächt, dass er seinen Beruf aufgeben muss. Zunächst scheint seine Erkrankung nicht dramatisch, aber dann verschlechtert sich sein Zustand rapide und zwingt ihn, Boston mit seinem kalten Nordwind zu verlassen. Er zieht nach Concord, in ein ländliches Städtchen ungefähr dreißig Kilometer nordwestlich von Boston. Der Zwangsumzug ist für Ephraim Bull aber offensichtlich keine Tragödie. Zwar kann er sich nicht mehr mit kostbaren Metallen beschäftigen, aber ihm bleibt seine große Pflanzenleidenschaft. Nun kann er aus seinem Hobby endlich seine Hauptbeschäftigung machen. Ende 1836 wird Ephraim Bull zum glücklichen Besitzer einer bescheidenen, siebzig Morgen großen Farm in Concord, wo er seiner Leidenschaft für den Traubenanbau frönen kann.

Dass der Schauplatz dieser Geschichte Concord ist, ist kein Randdetail. Im Gegenteil. Wäre Bulls Wahl nicht auf diesen Ort gefallen, gäbe es vermutlich nicht viel zu erzählen. Oder vielleicht doch, wer weiß. Jedenfalls war Concord damals kein x-beliebiges Dorf auf dem Land, sondern das Schicksal hatte es gewollt, dass gerade in diesem kleinen Städtchen in Massachusetts verschiedene bedeutsame historische und literarische Ereignisse der Vereinigten Staaten von Amerika stattfanden. Der amerikanische Unabhängigkeitskrieg hatte im Jahre 1775 dort seinen Anfang genommen, und einige Jahrzehnte darauf begründete der Schriftsteller und Philosoph Ralph Waldo Emerson in Concord die Dichterbewegung des *American Transcendentalism*, zu der Intellektuelle wie die Familie Alcott oder Henry David Thoreau gehörten. Auch der Schriftsteller Nathaniel Hawthorne wohnte in Concord, als Ephraim Bulls Nachbar. Beide Männer waren Charakterköpfe und teilten die Leidenschaft für Wein, Hawthorne allerdings mehr als Konsument. Da konnte es nicht ausbleiben, dass sich zwischen beiden eine enge Freundschaft entwickelte. Julian Hawthorne, der Sohn von Nathaniel Hawthorne, beschreibt Bull in seinem Werk *Hawthorne and his circle*:

Ephraim Wales Bull, der Erfinder der Concord-Traube, war nicht weniger exzentrisch als sein Name. Mein Vater mochte den aufrichtigen, ehrlichen Mann sehr. Und die Sympathie beruhte auf Gegenseitigkeit. Der kleine, kräftige Bull, mit langen Armen, großem Kopf, reichlich Haar und Vollbart, blickte einen aus hellen Augen durchdringend an. Er besaß kräftige, geschickte Hände und war dennoch intelligent. Drei Viertel der Arbeit im Weinbau erledigte er selbst, wobei er sich um jede einzelne Pflanze kümmerte (…) Häufig kam er herüber und saß mit meinem Vater im Garten, wo sie über Politik, Soziologie (die damals vermutlich noch anders hieß), Moral und manchmal auch über Rebsorten sprachen.

Dank seiner Farm und des inspirierenden kulturellen Umfelds konnte sich Ephraim Bulls Interesse für Trauben also in Concord bestens entfalten. Mit der ganzen Kraft der wiederentdeckten Leidenschaft stürzt er sich in endlose Versuche, um die Qualität seiner Trauben zu verbessern. Doch Massachusetts ist nicht gerade das Eldorado des Weinbaus. Das harte Klima, das die Trauben nicht wirklich reifen lässt, führt zu mancher Enttäuschung. Aber Ephraim Bull lässt sich nicht entmutigen. Um 1841 nimmt er den Fehdehandschuh auf und versucht, eine amerikanische Rebsorte zu entwickeln, die früher reift. Vor den Herbstfrösten. Und wie es der glückliche Zufall wollte, hatte der belgische Chemiker, Botaniker und Pomologe Jean-Baptiste van Mons (1765–1842), Professor für Chemie und Agrarwissenschaften in Löwen, nur wenige Jahre zuvor, 1835, in seinem Buch *Arbres Fruitiers* erstmals ein Programm zur Zucht neuer Sorten (in diesem Fall Birnen) durch Samenaussaat beschrieben. Van Mons verrät darin, wie er seine bis dahin undenkbaren Ergebnisse erzielen konnte:

Ich habe die Kunst entdeckt, in direkter Abstammungslinie und schnellstmöglich eine verbesserte Sorte hervorzubringen, indem man darauf achtet, keine Generation auszulassen. Säen, wieder säen und noch mal säen, immer wieder säen, kurzum, nichts tun als säen. An dieses Vorgehen muss man sich halten und darf nicht davon abweichen. Kurzum: Das ist das Geheimnis meiner Kunst.

Ephraim Bull ist wild entschlossen, es van Mons gleichzutun. Dazu reist er kreuz und quer durch Massachusetts und sucht nach Wildreben, die einige der gewünschten Eigenschaften besitzen, um die Kerne der vielversprechendsten Sorten später auszusäen und durch strenge Zuchtwahl vermehren zu können. Schließlich findet er am Fuße eines Hügels unweit seiner Farm eine einzelne Pflanze, die mehrere der gesuchten Merkmale zu besitzen scheint. Sie sollte zur

Ephraim Wales Bull im Alter neben seinen Weinreben

Stammmutter der Concord-Traube werden: *Vitis lambrusca*, eine amerikanische Rebsorte, die nicht nur ertragreich war, sondern auch früh ausreifte. Offenbar wurde die Traube schon im letzten Augustdrittel reif:

> Als Erstes musste ich die beste und früheste Rebsorte finden, um ihre Samen zu verwenden, und glücklicherweise fand ich sie am Fuße des Hügels. Sie trug reichlich, und für eine Wildsorte waren die Trauben von guter Qualität.

Bull ist zu Recht der Ansicht, dass nächste Generationen noch bessere Ergebnisse erzielen würden, und verpflanzt *Vitis lambrusca* auf seine Farm, wo sie vermutlich auf natürliche Weise von dortigen Reben bestäubt wird.

Ephraim Wales Bulls bescheidenes Haus in Concord

Ich säte die Kerne im Herbst 1843. Die einzigen Setzlinge, die es verdienten, weitergezüchtet zu werden, waren die der Concord.

Nachdem Bull durch Zuchtwahl die dritte Generation hervorgebracht hat, ist er 1848 schließlich bereit, seine Pflanze der Welt zu präsentieren. Zunächst lässt er Nachbarn im näheren und weiteren Umkreis von der Traube kosten. Stets mit Erfolg. Alle Freunde, denen er die schönen Trauben bringt, sagen, nie hätten Trauben besser gemundet.

Und so beschreibt Ephraim Bull seine Traube:

Die Fruchtstände sind angenehm groß und voll und wiegen bis zu einem Pfund. Die einzelne Weinbeere ist bis zu einem Zoll Durchmesser groß und ihre Farbe schwarz mit rötlichen Abstufungen. Sie ist von einer tief pflaumenblauen Wachsschicht umhüllt und die Schale hauchdünn. Sie schmeckt süß, saftig und aromatisch. Sie hat sehr wenig Fruchtfleisch. Das Holz ist widerstandsfähig, das Blattwerk dicht, die Blätter sind groß, mit kräftigen Blattadern und Flaum auf der Blattunterseite. Die Beeren setzen keinen Rost oder Mehltau an. Sie werden am zehnten September reif.

In den folgenden fünf Jahren verbreitet sich der Ruhm der ebenso schmackhaften wie frostbeständigen Concord-Traube überall in den USA. Bei einem Treffen der Massachusetts Horticultural Society 1853 wird sie auch in die Bostoner Gesellschaft eingeführt. Die Trauben, die Ephraim Bull für die Ausstellung einsendet, sind für amerikanische Verhältnisse so groß, dass Standmitarbeiter sie nicht für Obst halten, sondern in der Gemüseabteilung ausstellen. Doch schnell ist das Problem der falschen Zuordnung gelöst, und Bulls Traube wird ein Riesenerfolg. Wie die Mitglieder der Horticultural Society in ihrer Beurteilung schreiben, gebe es nun »endlich eine Rebsorte, die in New England wächst und gedeiht und noch dazu größer und besser ist als alle anderen«.

Die Rebsorte wird immer beliebter, weil sie anderen in den Staaten damals angebauten Trauben deutlich überlegen ist, und die Nachfrage nach Setzlingen nimmt schwindelerregende Ausmaße an. Um der Nachfrage Herr zu werden, sucht sich Ephraim Bull ein Bostoner Unternehmen, das die Setzlinge als sein Partner produziert und vertreibt. Er malt sich schon eine Zukunft als reicher Großgärtnereibesitzer aus. Warum auch nicht? Im ganzen Land spricht man von nichts anderem als der neuen Sorte, und die sich gerade entwickelnde amerikanische Lebensmittelindustrie verlangt nach ständig mehr Concord-Trauben. Wer immer ein Stück Land sein Eigen nennt, möchte die außergewöhnliche Pflanze anbauen. Und Bulls neue Geschäftstätigkeit scheint zunächst finanziell vielversprechend: Im ersten Verkaufsjahr, das Pflänzchen kostet fünf Dollar, verdient Bull 3200 Dollar, damals eine erkleckliche Summe. Das Geschäft läuft gut, doch dann kommt der Einbruch: Obwohl die Concord-Traube immer berühmter wird, gehen die Verkäufe zurück, zuerst nur langsam, dann immer schneller, und nach wenigen

Louisa May Alcott   *Ralph Waldo Emerson*

Jahren wird kaum noch ein Pflänzchen verkauft. Was war passiert? Ganz einfach: Damals gab es für Erfinder neuer Pflanzensorten keinen Patentschutz, der sollte in den Staaten erst 1930 eingeführt werden. Plötzlich rochen zahlreiche Gärtnereien ein Riesengeschäft und bauten Millionen Concord-Setzlinge an, ohne dass ihr Erfinder nur einen Cent daran verdiente.

Da es für die Schöpfer neuer Pflanzensorten keinerlei Schutz gibt, sind Bull die Hände gebunden. Er muss zusehen, wie sich sein wohlbegründeter Traum vom Reichtum in Luft auflöst, und das bekommt vermutlich niemandem gut. Ephraim Bull jedenfalls nicht. Er traut bald keinem mehr über den Weg und zieht sich immer mehr zurück. Er wurde, sagen wir, ein komischer Kauz.

Doch auch wenn er nicht reich geworden ist, ist er doch berühmt. Ephraim Bull beschließt, sich das zunutze zu machen und in die Politik zu gehen. Schon bald wird er ins Repräsentantenhaus von Massachusetts gewählt und Präsident des Landwirtschaftsausschusses. Doch damals wie heute scheint Politik nichts für Menschen zu sein, die in erster Linie Pflanzen lieben. Bulls politische

Nathaniel Hawthorne   *Henry David Thoreau*

Karriere währt nur kurz, und bald kehrt er zu seiner einstigen Leidenschaft zurück: der Zucht neuer Pflanzensorten. In den folgenden Jahren züchtet er zweiundzwanzig außergewöhnliche Rebsorten, über die des Langen und Breiten spekuliert wird, weil niemand
sie anbauen darf. Nach seinen Erfahrungen mit der Concord-Traube hütet er sie wie seinen Augapfel. Heute würden wir Bulls Verhalten vermutlich paranoid nennen. Fest steht, man hat vieles versucht,
Anfragen, Besuche, Drohungen und Schmeicheleien, aber vergebens. Bulls Pflanzen durfte sich niemand nähern.

Trotz seiner Gesundheitsprobleme in der Jugend war Ephraim
Bull ein langes Leben beschieden. Noch mit fünfundachtzig Jahren
kümmerte er sich höchstpersönlich um seine Rebstöcke. Doch er
war ein anderer geworden: ein mürrischer Mann, voller Groll gegenüber allen Pflanzenhändlern. Wer ihn fragte, warum er die zahlreichen Rebsorten, die er im Lauf der Jahre gezüchtet hatte, nicht
verkaufte, dem antwortete er verbittert: »Die Pflanzenhändler sind
doch alles Diebe und wollen mir die auch noch stehlen.« Im Herbst
1893 fällt Ephraim Bull beim Beschneiden seiner Reben von der Lei-

ter. Nun braucht er dauerhaft Pflege. Man bringt den einsamen, verarmten Mann ins Altersheim von Concord, ein Städtchen, aus dem er niemals hatte weggehen wollen. Die Zeitschrift *Meehan's Monthly* würdigte Ephraim Bull und seine Pflanzen 1894 so:

Man muss sich nur einmal vorstellen, wie unsere Gesellschaft ohne diese köstliche Frucht aussähe. Man darf wohl sagen, dass wir dann um jährlich mehrere Tausend Dollar ärmer wären. Für das, was Bull für sein Land geleistet hat, hätte er dieselbe Anerkennung verdient wie Colt oder Singer. Er nahm eine x-beliebige Traube, die jeder Bauer als wertlos bezeichnet und den Vögeln überlassen hätte, und verbrachte Jahre seines Lebens damit zu, sie durch langwierige, mühselige Zuchtwahl so lange zu verbessern, bis er uns ein schmackhaftes, preiswertes und gesundes Nahrungsmittel schenken konnte, das noch weitere Generationen und Millionen von Menschen sättigen und erfreuen wird.

Ephraim Bull starb 1895. Er wurde auf dem Friedhof von Sleepy Hollow bestattet. Den Schriftstellern Emerson, Thoreau und Hawthorne ist er im Tode nun so nah wie im Leben.

Seine Grabinschrift hat er selbst verfasst:

EPHRAIM WALES BULL 1806–1895
Er säte
Andere ernteten

Leonardo da Vinci (1452–1519)

Leonardo da Vinci und die Botanik

Keine Wirkung in der Natur ist ohne Vernunftgrund. Erkenne
den Vernunftgrund, und du bedarfst nicht des Experiments.[1]

LEONARDO DA VINCI

WENN MAN IN DER GESCHICHTE DER MENSCHHEIT jeman-
den ein Universalgenie nennen kann, dann wohl Leonardo da Vinci. Auf allen Gebieten, mit denen er sich beschäftigte – als Maler,
Bildhauer, Architekt, Ingenieur, Musiker, Bühnenbildner oder Physiker –, leistete er Außergewöhnliches. Und seine wissenschaftliche
Intuition war dabei ebenso unglaublich wie die Qualität seiner
künstlerischen Werke.

Mit fünfzehn Jahren geht Leonardo da Vinci bei dem Florentiner Maler, Bildhauer und Goldschmied Andrea del Verrocchio in
die Lehre. Es herrscht noch ein mittelalterliches Wissenschaftsver-
ständnis: Die Wissenschaft kompiliert lediglich das Wissen, das von
Aristoteles und anderen antiken Philosophen überliefert wurde,
und bringt es mit der christlichen Lehre in Einklang. Experimente
und jeder Versuch, die aristotelische Ordnung vom Sockel zu sto-
ßen, gelten als verdächtig. Doch Leonardo gibt sich damit nicht zufrieden. Auf eigene Faust und vollkommen vorurteilsfrei erforscht
der stolze Autodidakt zahlreiche Naturphänomene, von denen er
immer wieder aufs Neue fasziniert ist. Aus dieser unersättlichen
Neugier erwächst auch seine berühmte Sprunghaftigkeit: Hat er ein
Problem gelöst, verliert er umgehend das Interesse daran und wendet sich dem nächsten zu.

Zu Leonardos Grundüberzeugungen gehörte, dass jede wissenschaftliche Forschung auf unmittelbarer Erfahrung beruhen müsse. Er sagt von sich:

(…) Ich weiß nur zu gut, dass mancher, weil ich kein Gelehrter bin, sich anmaßt, mich als ungebildet zu tadeln. Törichtes Volk! Leute, die sich mit fremden Federn schmücken, gönnen mir die meinen nicht. Dabei wissen sie nicht, dass meine Erkenntnisse vor allem auf Erfahrungen beruhen statt auf den Schriften anderer.

Leonardo da Vinci hat begriffen, dass empirische Beobachtung und logisches Denken eine geeignete *Methode* waren, um den Dingen wirklich auf den Grund zu gehen. Ein Jahrhundert vor Galileo Galilei schreibt er:

(…) zunächst mache ich einen Versuch, ehe ich dann weiter fortschreite, denn ich will erst eine Beobachtung machen und dann mittels der Vernunft zeigen, warum diese Beobachtung genauso verlaufen musste; und nach dieser Regel müssen die Beobachter von Naturphänomen vorgehen.[2]

Weil Leonardo sich auf seinen zahlreichen Interessengebieten streng an seine experimentelle Methode hält, ist er seiner Zeit um Jahrhunderte voraus. Es überrascht daher nicht, dass er viele Grundprinzipien der Botanik durch seine außergewöhnliche Intuition Jahrhunderte »zu früh« entdeckt hat. Das Verdienst der Entdeckung wurde dann späteren Wissenschaftlern zugesprochen. Dieses Muster zieht sich wie ein roter Faden durch Leonardos Leben, schmälert aber die Bedeutung seiner Erkenntnisse keineswegs.

In allen Schriften Leonardos finden sich verstreute Notizen über botanische Phänomene. Das *Buch von der Malerei*, die berühmte Sammlung, die sein Schüler Francesco Melzi zusammengestellt hat, umfasst unter anderem einen kompletten botanischen Traktat mit

Leonardo da Vinci, Zweigstudie mit Blättern und Trauben *(um 1506–1508)*

dem Titel *Von den Stämmen und vom Laub.* Umfang und Qualität von Leonardos botanischen Aufzeichnungen und einige seiner Zeichnungen gaben sogar Anlass zu der Vermutung, er habe im Alter einen Traktat über alle Aspekte des Pflanzenwachstums geschrieben oder schreiben wollen.

Zu Zeiten Leonardos beruhte die botanische Wissenschaft großteils auf Erkenntnissen der Antike. Aristoteles und vor allem Theophrastos, der »Vater der Botanik«, waren Meister der deskriptiven Botanik gewesen, ebenso wie später Plinius der Ältere und sein Zeitgenosse Pedanios Dioskurides, der Verfasser von *De materia medica.* Das berühmte Werk mit über sechshundert Arten war bis zur Renaissance die einzige anerkannte Quelle, um Nahrungs-, Gewürz-

und Arzneipflanzen zu beschreiben. Jahrtausendelang galt eine Arznei nur als zulässig, wenn sie in *De materia medica* beschrieben war. Kurzum: Botanik war zu Zeiten Leonardos eine im Wesentlichen deskriptive Disziplin, die auf über tausend Jahre alten Erkenntnissen beruhte, aus einer Zeit also, als man Pflanzen hauptsächlich als Nahrungs- und Arzneimittel erforschte.

Vor diesem Hintergrund erscheint Leonardo da Vinci als ein wahrer Riese. Man lese dazu nur seine Beschreibungen der Blattstellung oder Phyllotaxis, wie wir das Wissensgebiet heute nennen – von Griechisch *phýllon*, »Blatt«, und *tàksis*, »Anordnung«. Ein Jahrhundert früher als Andrea Cesalpino (*De plantis libri*, 1583), als Marcello Malpighi und Nehemiah Grew und mehr als zwei Jahrhunderte früher als der Schweizer Botaniker Charles Bonnet (*Recherches sur l'usage des feuilles dans les plantes*, 1754), der als Begründer der Lehre von der Phyllotaxis gilt, hat sich Leonardo da Vinci ausführlich damit beschäftigt. In seinem *Buch von der Malerei*[3] finden sich dazu folgende Bemerkungen:

Die Natur hat die Blätter der letzten Zweige an vielen Bäumen so gestellt, dass immer das sechste Blatt gerade über dem ersten steht, und dass es so weiter fortgeht, wenn die Regel nicht gestört wird. Und dies hat sie zum doppelten Vortheil der Pflanze so eingerichtet.

(…) Das Blatt wendet seine rechte Seite stets dem Himmel zu, auf dass es mit seiner ganzen Fläche den Thau besser auffangen könne, der mit langsamem Fall aus der Luft niedersinkt. Und solche Blätter sind an den Bäumen derartig vertheilt, dass eines das andere so wenig als möglich deckt, indem sich ein jedes über dem andern wie im Flechtwerk wegwendet, wie man den Eppig thun sieht, der die Mauern bedeckt. Und dies Durcheinanderflechten (der Blattstellung) dient zu zweierlei, nämlich dazu, Lücken zu lassen, auf dass Luft und Sonne durch dieselben dringen können.[4]

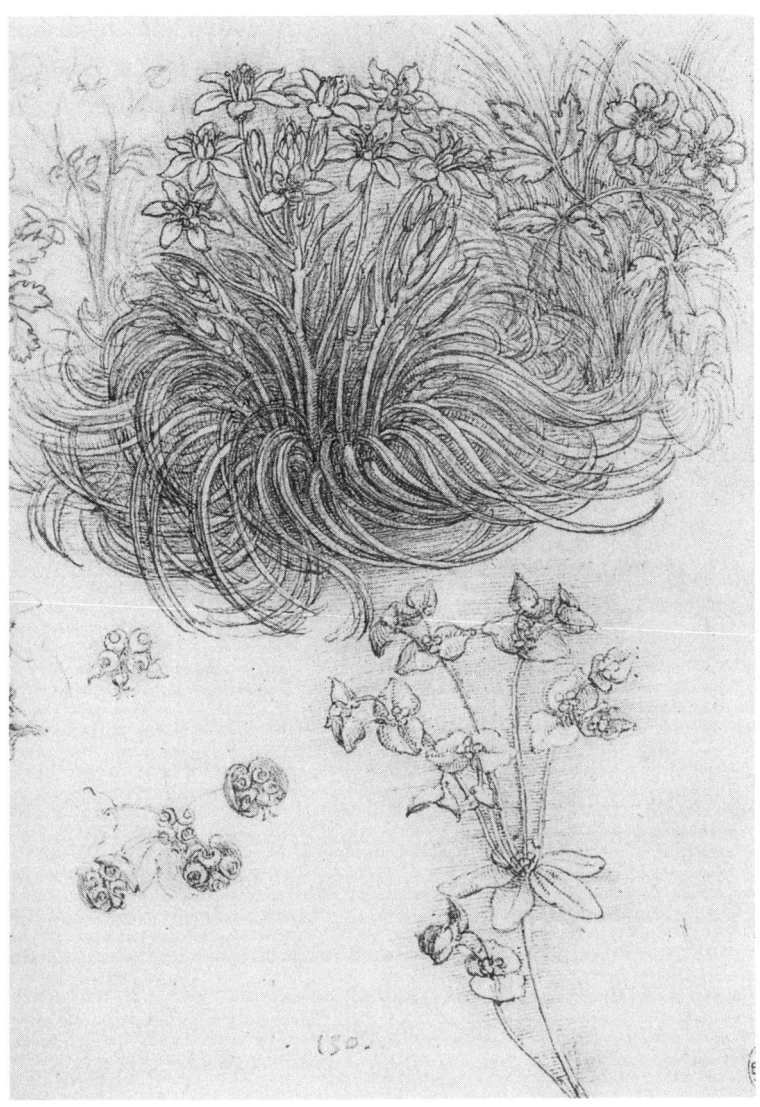

Leonardo da Vinci, Milchstern und Waldanemone, unten zwei
Wolfsmilcharten *(um 1506–1508)*

(...) Man betrachte den unteren Zweig des Holunders, dessen Blätter paarweise angeordnet sind, wobei sich die aufeinanderfolgenden Paare jeweils kreuzen. Wenn der Zweig direkt gen Himmel zeigt, findet man stets diese Anordnung, und die größeren Blätter befinden sich im dickeren Bereich des Zweigs und die kleineren im dünneren Bereich, also nahe der Spitze.

(...) Das Auswachsen der Baumzweige aus ihren Hauptästen geht gerade so vor sich, wie das Sprießen der Blätter. Diese haben vier Arten, eines über dem anderen vorzurücken. Die erste verbreitete Art ist die, dass immer das sechste weiter nach oben über dem sechsten darunter hervorwächst. Die zweite Art ist, dass das dritte Paar weiter oben über dem dritten Paar darunter steht. Und die dritte Weise ist die, dass das (einzelne) dritte weiter oben über dem (einzelnen) dritten darunter sitzt und der vierte Fall ist die Tanne, die Schichten bildet.[5]

(...) Bei allen Baumverzweigungen spriesst das sechste obere Blatt über dem sechsten tiefer unten. Ebenso haben es die Rankenrohre, als z. B. die Brombeerranken, ausgenommen die weisse Heckenrebe, welche ihre paarweisen Blattansätze so hat, dass immer ein Paar über dem vorhergehenden querüber steht.[6]

Wie Leonardos Beschreibungen zeigen, hatte er eine klare Vorstellung vom Blattstand: von der Anordnung der Blätter, die wir heute mit den Formeln 1/2, 1/3, 2/5 bezeichnen, ebenso wie von der kreuzweisen Anordnung gegenständiger Blätter (1/2).

Noch erstaunlicher ist allerdings, wenn überhaupt möglich, dass Leonardo das Phänomen nicht nur beschreibt, sondern auch in seiner Funktion erklärt. Er erkennt: Diese Anordnung »dient zu zweierlei, nämlich dazu, Lücken zu lassen, auf dass Luft und Sonne durch dieselben dringen können«. Erst Jahrhunderte später, nämlich 1875, sollte Julius von Wiesner (1838–1916) das Phänomen evolutionsgeschichtlich damit begründen, dass sich die Blätter durch ihre spiralförmige Anordnung nicht gegenseitig beschatten und die Phyllotaxis folglich die Lichtaufnahme der Pflanze optimiere.

Und Jahrhunderte bevor Edme Mariotte[7] 1679 die Fähigkeit der Blätter, Wasser aufzunehmen, experimentell nachwies, hatte Leonardo dies bereits beobachtet und, so unglaublich es klingt, einen Versuch durchgeführt, um seine These zu beweisen. Seine Ergebnisse beschrieb er so:

Die rechten Seiten ihrer Blätter sind zum Himmel gekehrt, um ihre Nahrung, den Thau, aufzufangen, der des Nachts niederfällt. Die Sonne gibt den Pflanzen Seele und Leben, und die Erde ernährt sie mit Feuchtigkeit. Was diesen Fall anlangt, so habe ich schon einmal probirt, einer Kürbispflanze nur eine kleine Wurzel zu lassen, und die hielt ich mit Wasser gut in Nahrung. Diese Pflanze brachte alle Früchte, die sie zu zeugen vermochte, zur vollen Entwicklung, es waren ihrer ungefähr 60 Stück Kürbisse, von der breiten Sorte. Und ich achtete mit Fleiss dieses Lebens und erkannte, dass der Nachtthau es war, der mit seiner Nässe reichlich durch die Ansätze ihrer grossen Blätter eindrang, zur Ernährung dieser Pflanze mit ihren Kleinen.[8]

Und wenn wir von den bedeutenden botanischen Entdeckungen Leonardos sprechen, darf auch nicht vergessen werden, dass er als Erster die Anzahl der Baumringe mit den Lebensjahren des Baums in Zusammenhang brachte. Was heute jedes Kind weiß, war zu Leonardos Zeiten noch unbekannt. So lautet der außergewöhnliche Absatz bei Leonardo:

Die Südseite des Baums zeigt mehr junge Stellen und mehr Kraft, als die Seite gegen Norden. Die Kreislinien auf der Schnittfläche abgesägter Baumäste zeigen die Zahl der Jahre des Astes, und nach ihrer grösseren oder geringeren Breite, welche Jahrgänge

feuchter und welche trockener waren. Und so zeigen sie auch die
Weltgegend, nach welcher hin sie gerichtet waren; denn nach
Norden zu werden sie breiter als auf der Südseite, und in dieser
Weise ist das Centrum des Stamms näher bei der nach Süden zu
sitzenden Rinde als bei der Rinde der Nordseite.[9]

In dem kurzen Absatz beschreibt Leonardo nicht nur, wie sich das
Baumalter ermitteln lässt, sondern auch die sogenannte »Exzentri-
zität« des Baumstamms, seine Unrundheit. Diese Entdeckung wird
gewöhnlich Malpighi zugeschrieben, der über hundertfünfzig Jahre
nach Leonardo lebte: *medulla non exacte centrum occupat, sed ut
plunmum (...) proximior est cortici, versus meridiem, minuitur ad-
aucta sensim lignea portione.*[10] Zudem erkennt Leonardo, dass sich
die klimatischen Bedingungen auf die Breite der Jahresringe aus-
wirken. Kurzum, er hat Erkenntnisse gewonnen, aus denen sich später ein ganzer Wissenschaftszweig entwickeln sollte: die Dendro-
chronologie. Sie nutzt heute die Analyse der Jahresringe zur
Bestimmung der regionalen klimatischen Bedingungen einer Epo-
che, zur Beurteilung früherer oder derzeitiger ökologischer Bedingungen in einem geografischen Gebiet, zur Echtheitsprüfung von
Kunstwerken oder zur Datierung von hölzernen Bauteilen histori-
scher Gebäude.

Die bedeutendste botanische Entdeckung, die Leonardo da
Vinci gemacht hat, ist allerdings das sekundäre Dickenwachstum
mithilfe des Kambiums. Das ist die einzige Interpretation, die der
folgende Absatz zulässt:

Die Zunahme der Dicke der Baumstämme wird durch den Saft
bewirkt, der sich im Monat April zwischen Bast und Holz des
Stammes bildet. In dieser Zeit verwandelt sich der Bast in Rinde,
und diese bekommt neue Risse in der Tiefe der gewöhnlichen
(oder schon vorhandenen).[11]

Leonardo da Vinci, Blumenstudie *(um 1495)*

Aus dem Wissen um das sekundäre Dickenwachstum leitet Leonardo zudem praktische Anwendungsmöglichkeiten ab. Er erwähnt erstmals die Praxis der Ringelung von Bäumen:

> Wenn man die Rinde ringförmig entfernt, stirbt der Baum oberhalb des Rings ab, lebt aber unterhalb des Rings weiter. Und wenn man den Ring bei schlechtem Mond entfernt und die Pflanze dann bei gutem Mond am Fuße fällt, hält sich das Teil des guten Monds und der Rest verdirbt.

Leonardos Genialität kam also auch auf dem Gebiet der Botanik zum Ausdruck. Darum möchte ich das Kapitel mit den Worten Giorgio Vasaris beenden, denn was er in seinen *Lebensbeschreibungen* über Leonardo schreibt, scheint mir nicht übertrieben:

Häufig kann man beobachten, wie die himmlischen Sphären auf
ganz natürliche Weise reichste Gaben auf die Menschen hinab-
regnen lassen. Zuweilen vereinen sich allerdings auf übernatürli-
che Weise in einem einzigen Körper Schönheit, Anmut und Tu-
gend im Übermaß, sodass dieser Mensch, wohin er sich auch
wendet, in allen seinen Taten göttlich ist und sich, alle anderen
hinter sich lassend, als etwas zu erkennen gibt, das in der Tat von
Gott geschenkt und nicht durch menschliche Fähigkeiten erwor-
ben wurde. Solches sahen die Menschen in Leonardo da Vinci,
der über seine nie genug gepriesene äußerliche Schönheit hinaus
in all seinem Tun die Anmut schlechthin verkörperte: Wohin er
den Geist auch lenkte, verhalf ihm seine Begabung, die schwie-
rigsten Dinge mit Leichtigkeit zur Vollendung zu bringen. Große
Tatkraft war bei ihm gepaart mit Geschick, Geist und Tüchtigkeit
und immer gab er sich königlich und großherzig. Dabei verbreitete sich der Ruhm seines Namens rasch, sodass er nicht nur in
seiner eigenen Zeit geschätzt wurde, sondern nach seinem Tod
noch viel größeres Ansehen bei seinen Nachfahren genoss.

Und tatsächlich schickt uns der Himmel zuweilen einige Ge-
schöpfe, die nicht bloß die Menschheit, sondern die Göttlichkeit
selbst darstellen, damit wir mit dem Geist und der Vortrefflich-
keit des Intellekts den höchsten Sphären des Himmels näher
kommen können, indem wir jene als Modell nachahmen.[12]

Marcello Malpighi (1628–1694) in einer Darstellung des 17. Jahrhunderts

Marcello Malpighi, der Begründer der Pflanzenanatomie

MARCELLO MALPIGHI, einer der größten Wissenschaftler des 17. Jahrhunderts, wurde am 10. März 1628 in Crevalcore nahe Bologna geboren. Seine Zeit war durch große religiöse und kulturelle Spannungen und wissenschaftliche Umbrüche gekennzeichnet: 1630 veröffentlichte Galileo Galilei den *Dialog über die beiden hauptsächlichen Weltsysteme*, ein bahnbrechendes Werk, das der Menschheit den Weg zu einem neuen, vorurteilsfreien Denken wies und den wissenschaftlich-technologischen Fortschritt der nächsten Jahrhunderte vorbereitete. Man kann Marcello Malpighi in mehrfacher Hinsicht als den Galileo Galilei der Biologie bezeichnen. Nicht wegen seiner Beziehung zur Kirche – er wurde von Innozenz XII. nach Rom berufen und starb als päpstlicher Leibarzt –, sondern weil er die Medizin radikal veränderte und auf verschiedenen botanischen Gebieten Grundlegendes entdeckte.

Malpighis wissenschaftliches Vermächtnis ist erstaunlich umfangreich und vielseitig. Er war der Begründer der mikroskopischen Anatomie und der erste wirkliche Histologe. Wollte man alle Erkenntnisse aufzählen, die er hinsichtlich mikroskopischer Strukturen gemacht hat, würde das unseren Rahmen sprengen: Man hat nach Malpighi eine Hautschicht benannt, ebenso wie zwei Körperchen in Niere und Milz, und im Exkretionssystem der Insekten gibt es sogenannte Malpighische Gefäße. Malpighis Entdeckungen beschränken sich zudem nicht auf einzelne anatomische Strukturen, sondern gehen weit darüber hinaus. Mit unermüdlicher wissen-

schaftlicher Neugier suchte er nach den Prinzipien, die die Funktion
der Organe regeln.

Malpighi entdeckt nicht nur, wie die Lunge funktioniert, die die
galenische Medizin bis dahin für Blutkoageln hielt, sondern ebenso,
welche Rolle die Gefäße spielen, den Zusammenhang zwischen
Arterien- und Venenkreislauf und die Funktionsweise der Ge-
schmacksknospen. Er erkennt, dass Insekten nicht mittels Lungen,
sondern über ein inneres System feiner Röhren atmen, die Tracheen.
Und er ist der Erste, der die Entwicklung eines Kükens aus dem Ei
beschreibt, der Fingerabdrücke darstellt – in *De Externo Tactus Or-
gano* –, der die roten Blutkörperchen im Blut sieht und erkennt, dass
durch rechte und linke Herzhälfte unterschiedliches Blut fließt. Man
kann Malpighis Werk, aus dem sich verschiedene wissenschaftliche
Disziplinen entwickeln und das die biologische Forschung insgesamt revolutionieren sollte, gar nicht hoch genug schätzen.

Malpighis Interesse an Anatomie und Physiologie gilt zunächst
der Tierwelt, doch schon bald stellen ihn die Forschungsinstrumente
seiner Zeit vor zahlreiche, häufig unüberwindbare Schwierigkeiten.
Er wendet sich daher dem Studium der Pflanzen zu, in der Hoffnung, durch die gründliche Erforschung einfacherer Pflanzenstruk-
turen auch die komplexeren Strukturen von Mensch und Tier begreifen zu können. Für die moderne Biologie bedeutet Malpighis
Ansatz, die Funktionsweise tierischer Organe durch die Erforschung von Pflanzen zu verstehen, einen entscheidenden Schritt
nach vorn. Erstmals erkennt sie, dass es in der Bauweise der Lebewesen eine Kontinuität gibt und die Erforschung einfacherer Systeme wertvolle Erkenntnisse auch für komplexere Systeme liefern
kann. In Malpighis *Opera posthuma* von 1697 heißt es:

(…) aus den bisherigen Beobachtungen scheint hervorzugehen,
dass sich die Natur bei ihren Vorgängen und Bewegungen ein-
facher Mittel bedient, die, wenngleich nicht in allen Ordnungen
der Lebewesen dieselben, doch analog auf ein und dieselbe

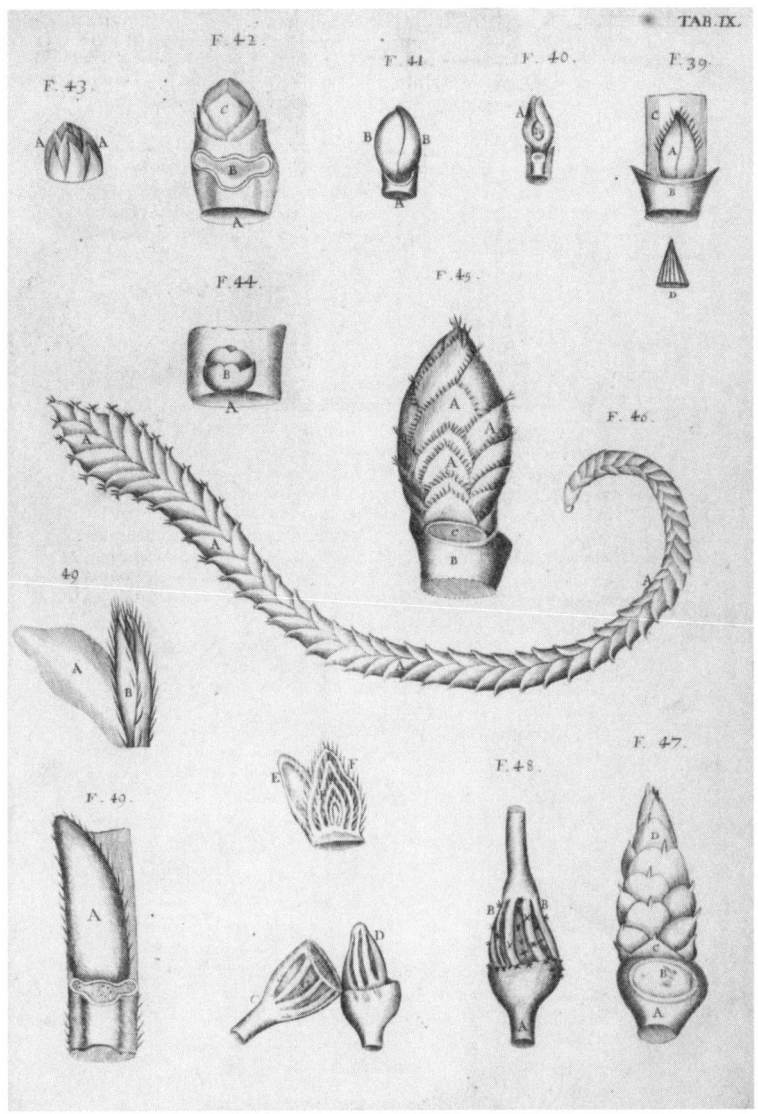

Anatomische Details einer Abbildung aus Anatome plantarum

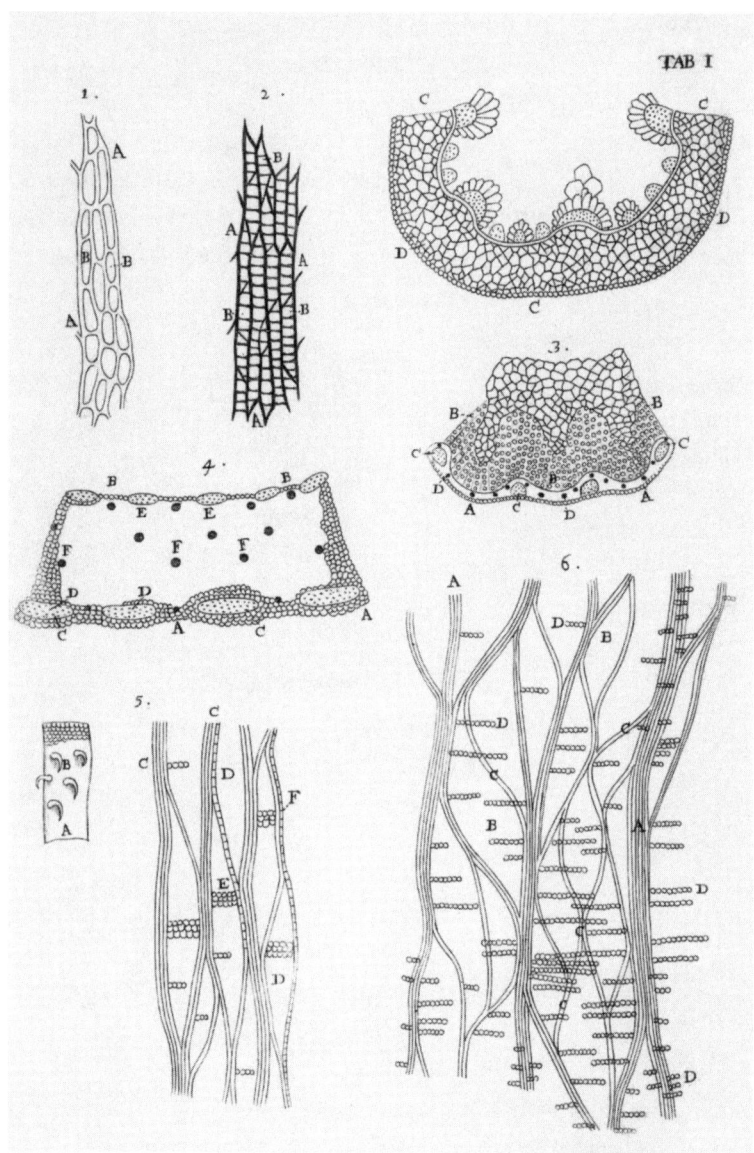

Anatomische Details aus Anatome plantarum *von Malpighi.*
Man beachte die Buchstaben zur Markierung wichtiger Punkte.

Mechanik zurückführbar sind; und sehr häufig zeigt uns die Variante eines Organs klar und deutlich, was bei dem Menschen oder anderen Lebewesen nur schwer erkennbar ist. Daher ist die Zootomie auch nützlich für die Medizin, weil sie bei richtiger Anwendung zu einer besseren philosophischen Erkenntnis führt und die Funktionsweisen von Tier und besonders Mensch besser erkennen lässt. So wird die membranenähnliche Substanz der Lungen, die etwa bei uns unklar ist, in der Anatomie der Reptilien, Schlangen, Frösche, Insekten oder der Pflanzen deutlicher (...)

Malpighis logisch und wissenschaftlich so hervorragend begründete Forderung, die biologische Praxis müsse das für die Problemstellung jeweils geeignetste Präparat wählen, bleibt allerdings leider bis heute, drei Jahrhunderte später, weitgehend unbeachtet und wird häufig sogar noch durch die unsinnige Aufteilung der Wissenschaft in getrennte Fachbereiche behindert.

1656 wird Malpighi Professor für theoretische Medizin an der Universität Pisa, hat dort aber kein einfaches Leben. Die wohl unvermeidlichen Eifersüchteleien und das Unverständnis seiner Kollegen veranlassen ihn schon bald, die ihm vom Senat von Messina angetragene Leitung des botanischen Gartens der Stadt anzunehmen.

Messina erlebte damals eine kulturelle Blüte, und der *Hortus Messanensis*, der erste botanische Garten der Mittelmeerregion, belegt dies auf eindrucksvolle Weise. Nun kann Malpighi die Pflanzenwelt systematisch erforschen und macht zahlreiche bedeutende Entdeckungen. Vor allem kann er zeigen, dass die Organe der Lebewesen jeder Größe aus Modulen bestehen, deren winzige Grundbestandteile man nur unter dem Mikroskop sieht. Malpighi beobachtete als erster Mensch überhaupt *lebende Zellen*.

Malpighi hat seine außergewöhnliche Forschungstätigkeit in Messina in zwei für die Geschichte der Botanik grundlegenden Texten, *Anatome plantarum idea* und *Anatome plantarum*, zusammengefasst und einige Jahre später in Briefform in den *Philosophical Transactions* der Royal Society veröffentlicht. Deren Mitglied war er 1669 geworden, und am 21. Dezember 1671, am selben Tag, an dem Isaac Newton als *fellow* der *Royal Society* vorgeschlagen wird, liest man dort öffentlich den ersten Teil von Malpighis Abhandlung über Pflanzenanatomie.

Es ist schwierig, auch nur eine grobe Vorstellung davon zu vermitteln, was Malpighi auf dem Gebiet der Pflanzenanatomie entdeckt und in seinen Büchern beschrieben hat. Unter anderem werden darin erstmals die Knospen der Zweige richtig beschrieben und als potenzielle neue Pflanzen erkannt. Malpighi bezeichnet sie metaphorisch als »Kinder«, die schließlich zu Zweigen heranwachsen (*Gemmae igitur sunt velut infans custoditus, qui tandem adolescit in ramum*); er vergleicht sie mit den Embryonen der Hühnereier und nennt sie Pflanzen »en miniature« (*compendium sit plantulae nondum explicitae*). Und um zu verdeutlichen, dass es sich bei Knospen um eigenständige Einheiten handelt, wählt er den Begriff *implantatio*.

In dem Band von 1679 (*Anatome plantarum*) illustriert Malpighi erstmals die verschiedenen Entwicklungsstadien von Samen und Keimling und beschreibt am Beispiel von Kürbisgewächsen, Bohnen und Getreide die charakteristischen Schritte des Keimvorgangs. In *Opera posthuma* (1697) finden sich wundervolle Illustrationen von Samen und Keimung bei Rizinus (*Ricinus communis*) und Dattelpalme (*Phoenix dactylifera*). Noch ein Jahrhundert später hält der deutsche Botaniker Julius Sachs die Abbildungen Malpighis hinsichtlich Detailgenauigkeit und Aussagekraft für unerreicht.

Malpighis überragende Leistung verdeutlicht auch die Tatsache, dass nach Veröffentlichung seiner Werke mehr als hundertfünfzig Jahre lang kein wesentlicher Fortschritt in der Pflanzenforschung zu verzeichnen ist. Es scheint, als habe der ungemein rührige Malpighi schon alles entdeckt. Um nur ein Beispiel zu nennen: Als Arthur Henfrey 1852, gut hundertsiebzig Jahre nach Veröffentlichung von

Titelblatt der englischen Ausgabe von Anatome plantarum *(1765–69)*

Anatome plantarum, die Riesenseerose (*Victoria regia*) vorstellt – ebenfalls für die Royal Society –, lassen Illustration und Beschreibung keinerlei Fortschritt gegenüber Malpighi erkennen.

Aber Malpighis Arbeit ist nicht nur wegen ihrer qualitativ hochwertigen und detailgenauen Darstellung außergewöhnlich, sondern auch wegen ihrer Methode: Mit Malpighi beginnt ein neues Zeitalter der mikroskopischen Forschung. In seiner Arbeit über die Struktur von Zweigen legt Malpighi beispielsweise Wert darauf, sie mit mehreren Schnitten in allen drei Raumebenen zu beschreiben: So präsentiert er einen Pappelzweig (1675) als Kombination aus Radial-, Tangential- und schrägem Querschnitt. Und wir verdanken Malpighi sogar, dass wir heute bei anatomischen Abbildungen wich-

tige Punkte mithilfe von Buchstaben markieren und in einer ent-
sprechenden Legende beschreiben. Nach der Veröffentlichung von
Malpighis Werken zur Pflanzenanatomie verbreitete sich der Ruhm
des Autors schnell in ganz Europa, und er wird überall als Begründer der Pflanzenanatomie gefeiert. Carl von Linné benennt ein Jahrhundert später sogar eine Gattung nach ihm: *Malpighia*.

Marcello Malpighi stirbt 1694 »mit 66 Jahren, 3 Monaten und 19
Tagen« in Rom. Gaetano Atti schreibt in seiner wunderbaren Bio-
grafie:

> Er starb also mit 66 Jahren, 3 Monaten und 19 Tagen. Er besaß
> einen feinen Geist und wachen Verstand, war sanftmütig, nicht
> leicht zu erzürnen und wusste seine Begierden zu zügeln. Jede
> Leidenschaft lag ihm fern. Er liebte dagegen den Ruhm und fand
> Seelenfrieden und Trost in seiner Forschung. Doch seine Klug-
> heit und sein geistiger Schaffensreichtum ließen ihn nicht hoch-
> mütig werden, er lebte bescheiden. Er war ungemein mitfühlend,
> (…) maßvoll, anspruchslos, von tadellosem Verhalten und ge-
> radlinigem, sanftem Charakter, loyal und unvergleichlich auf-
> richtig.

*Ein Aquarell von George Richmond zeigt Charles Darwin
nach seiner Rückkehr von der Reise auf der Beagle.*

Die Darwins und die Botanik

In der Wissenschaft gebührt der Ruhm demjenigen, der die
Welt von einer Idee überzeugen kann, nicht demjenigen,
der die Idee zuerst hatte.

FRANCIS DARWIN (1848–1925)

DIE FAMILIE DARWIN STEHT für echte Kontinuität in der wissenschaftlichen Forschung. In sieben Generationen – von Charles Darwins Großvater Erasmus bis in unsere Tage – brachte sie zehn *fellows* der berühmten britischen Wissenschaftsakademie Royal Society hervor. Die ungewöhnliche Familie interessierte sich dabei für viele Bereiche: von der Astronomie (George Darwin) über die Physik (Charles Galton Darwin) und die Neurowissenschaften (Horace Barlow) bis hin zur Ökonomie (auch der berühmte Ökonom John Maynard Keynes hatte Verbindungen zu den Darwins). Doch am häufigsten wandte sie sich der Botanik zu.

Von Charles Darwins Großvater Erasmus bis hin zu Sarah Darwin, derzeit Botanikerin am Natural History Museum in London, beschäftigte sich in jeder Generation jemand mit der Pflanzenwelt. Die Familie scheint sich gewissermaßen evolutionär auf die Hervorbringung von Botanikern spezialisiert zu haben, als wolle sie einen letzten, endgültigen Beweis für Darwins Theorie erbringen.

Erasmus Darwin ist der Erste aus der Familie, der sich mit allen Kräften der Erforschung des Pflanzenreichs widmet. Charles' Großvater väterlicherseits gehört zu den ersten Evolutionswissenschaft-

lern und macht Linnés Werk weithin bekannt. Er gründet die Lich-
field Botanical Society mit dem Ziel, das Werk des großen schwedi-
schen Botanikers vom Lateinischen ins Englische zu übersetzen,
und legt als deren satzungsgemäße Aufgabe fest, Linnés Klassifizierung in Großbritannien zu verbreiten. Mit den Übersetzungen *A
System of Vegetables* (1783–85) und *The Families of Plants* (1787)
prägt Erasmus Darwin zahlreiche englische Pflanzennamen, die bis
heute verwendet werden, und 1791 geht zudem *The Botanic Garden*
in Druck, das die englischen Leser mit Linnés Klassifizierungssys-
tem der Pflanzen vertraut macht.

Charles Darwins mütterliche Linie mehrt den Ruhm der Familie
auf dem Gebiet der Botanik ebenfalls. Josiah Wedgwood II., Onkel
von Charles mütterlicherseits und Sohn von Josiah Wedgwood,
dem Gründer der berühmten Porzellanmanufaktur, gehört zu den
Gründungsmitgliedern der Royal Horticultural Society, der bis heute weltweit berühmtesten und einflussreichsten Gartenbaugesell-
schaft. Und nur nebenbei, selbst Charles' Vater Robert, der sich
gegen die Botanik und für die finanziell lukrativere Medizin ent-
scheidet, kann den »grünen Daumen« der Familie nicht verleugnen
und erschafft den wunderschönen Garten am Familienbesitz in
Down, in der Grafschaft Kent.

Doch der Berühmteste des Geschlechts ist natürlich Charles.
Sein außergewöhnlich umfangreiches wissenschaftliches Werk umfasst sechs Bücher, die sich ausschließlich mit Pflanzen befassen:
*Über die Einrichtungen zur Befruchtung Britischer und ausländi-
scher Orchideen durch Insekten (1862)*, *Über die Bewegungen der
Schlingpflanzen (1865)*, *Insectenfressende Pflanzen (1875)*, *Die Wir-
kungen der Kreuz- und Selbst-Befruchtung im Pflanzenreich (1876)*,
*Die verschiedenen Blüthenformen an Pflanzen der nämlichen Art
(1877)* und schließlich *Das Bewegungsvermögen der Pflanzen (1880)*.

Trotz seiner enormen wissenschaftlichen Leistung und der
zahlreichen Experimente auf diesem Gebiet betrachtet Charles Darwin sich allerdings nicht als Botaniker und spielt seine Fähigkeiten

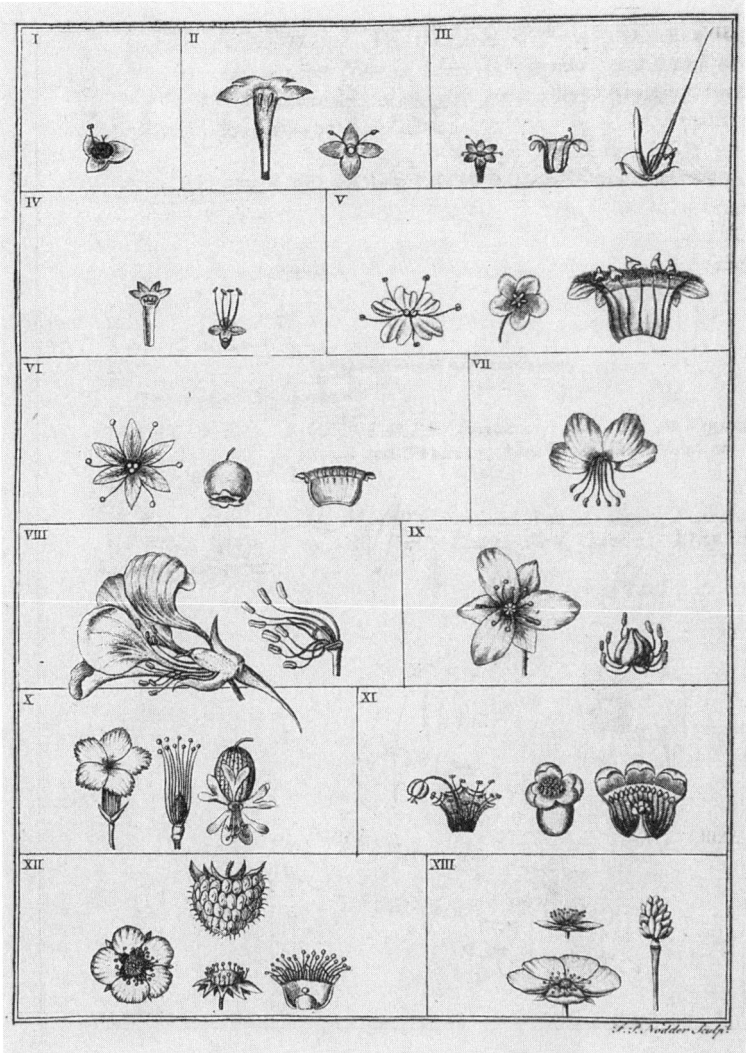

Blütenzeichnungen aus dem Werk von Erasmus Darwin
The Botanic Garden *(1791)*

Bestäubung von Angraecum sesquipedale
(Illustration von Alfred Russel Wallace)

als Pflanzenforscher gern herunter. Er behauptet, »einer dieser Botaniker zu sein, die keine Pflanze von der anderen unterscheiden können«, und zeigt sich überaus überrascht, als er in die Abteilung Botanik der französischen Akademie der Wissenschaften gewählt wird. Sein Verhalten erklärt sich wohl durch das für seine Gesellschaftsschicht typische *understatement* und die viktorianische Vorstellung von Botanik: Man hält sie für eine rein klassifizierende Wissenschaft, die zum besseren Verständnis von Naturphänomen nicht das Geringste beitragen kann.

Charles Darwin wächst also in einem Umfeld auf, das von der Liebe zur Pflanzenwelt geprägt ist. Während seines Studiums an der Universität Cambridge widmet er sich denn auch voll und ganz den Pflanzen. Drei Jahre lang besucht er die Botanikveranstaltungen von Professor John Stevens Henslow und pflegt mit diesem einen so intensiven Austausch, dass man ihn bald den nennt, »der ständig mit Henslow zusammensteckt«. Henslow schreibt in den Aufzeichnungen über seinen Studenten, die bis heute an der Universität aufbewahrt werden, Darwin verfüge über »gute Grundlagen« in seinem Fach. Darwins botanische Neigung sollte sich jedoch in vollem Umfang erst im Lauf seiner fünfjährigen berühmten Reise an Bord der britischen Brigg *Beagle* (1831–36) offenbaren.

Als das Schiff über den Pazifik nach Großbritannien zurückkehrt, legt es auf den Galapagosinseln eine Pause ein. Und in nur drei Wochen schafft es der junge Charles, ein Viertel der üppigen Inselvegetation zu beschreiben.

Darwin erhält den ersten Anstoß zur Entwicklung der Evolutionstheorie durch die Erforschung der Pflanzenwelt. Als er 1859 *Über die Entstehung der Arten* veröffentlicht, stammen sehr viele Beispiele aus dem Pflanzenreich. Und die ersten Beweise für die Theorie, die ihn später berühmt machen sollte, gewann er überwiegend durch Beobachtung von Pflanzen. Wenn man wirklich verstehen will, wie Darwin unsere Vorstellung von der Welt revolutioniert hat, sollte man das nicht vergessen.

Bei seinen umfangreichen Forschungen zur pflanzlichen Vermehrung stieß Darwin auf Phänomene, die in ihm den Gedanken an mögliche evolutionäre Folgen der Fortpflanzung reifen ließen. Besonders interessant in diesem Zusammenhang ist die berühmte Geschichte von »Darwins Schmetterling«. Wir wollen ihre wichtigsten Aspekte darum kurz betrachten.

Eines Tages erhält Charles Darwin die Blüten einer exotischen Orchidee, die man gerade in Madagaskar entdeckt hat: *Angraecum sesquipedale*. Die Blüten zeichnen sich durch ein sehr langes Nektarium aus – die Honigdrüse, die den Nektar der Pflanze produziert. In *Über die Einrichtungen zur Befruchtung Britischer und ausländischer Orchideen durch Insekten und über die günstigen Erfolge der Wechselbefruchtung* (1862) äußert sich Darwin dazu:

> In einigen von Hrn. Bateman mir gesandten Blüthen fand ich es 11 ½ Zoll lang, die untren anderthalb Zolle erfüllt mit sehr süssem Honigsaft (…) Es wäre freilich erstaunlich, dass ein Insekt im Stande seyn sollte diesen Nektar zu erreichen! Unsre englischen Abendfalter haben Saugrüssel von der Länge ihres Körpers; auf Madagaskar muss es Schmetterlinge mit Rüsseln geben, welche sich auf 10–11 Zoll Länge ausstrecken können.[1]

Und er fügt hinzu:

> Denn die Pollinien können nur durch einen grossen Schmetterling, der mit einem wunderbar langen Rüssel den letzten Tropfen zu erschöpfen strebt, entführt werden. Stürben diese Nachtfalter in Madagaskar aus, so müsste Angraecum gewiss auch aussterben.[2]

Darwin geht hier nach einer wissenschaftlichen Methode vor, die in den Naturwissenschaften bislang noch niemand angewandt hatte: Er trifft eine Vorhersage. Wie ein Astronom, der die Umlaufbahn uns bekannter Himmelskörper erforscht und nach den allgemeinen Gravitationsgesetzen vorhersagt, wo sich bislang unbekannte Sterne befinden müssen, prognostiziert er anhand des Evolutionsgesetzes – eigentlich sollte man nicht mehr von Evolutionstheorie sprechen –, dass ein Insekt zur Bestäubung dieser Orchideenart existieren muss. Den methodischen Ansatz der Vorhersage – und seine Anwendung in der Astronomie – unterstreicht 1867 auch Alfred Russel Wallace, als er schreibt:»Dass in Madagaskar ein solcher Schmetterling existieren muss, kann mit Sicherheit vorhergesagt werden, und die Naturkundler, die die Insel besuchen, sollten mit derselben Gewissheit danach suchen, wie die Astronomen auf der Suche nach dem Planeten Neptun: Denn ihre Suche wird von Erfolg gekrönt sein.«

Doch die These, dass ein solch großer Schmetterling existieren müsse, sollte mehr als vierzig Jahre lang heftig bekämpft und verhöhnt werden. In der zweiten Auflage des Buches von 1877[3] schreibt Darwin:

Dieser Gedanke von mir ist von einigen Entomologen lächerlich gemacht worden; wir wissen aber jetzt durch Fritz Müller, dasz

Xantopan morgani praedicta: Der »Morgan's Sphinx« genannte Nachtfalter mit seinem langen Saugrüssel gehört zur Familie der Schwärmer (Sphingidae)

*Charles Darwin als schaukelnder Affe am »Baum des Wissens«: eine Satire der
französischen Zeitschrift »La Petite Lune«.*

es in Süd-Brasilien eine Sphinx gibt, deren Rüssel beinahe die ge-
nügende Länge hat; denn er masz im getrockneten Zustande
zwischen zehn und elf Zoll. Ist er nicht ausgestreckt, so ist er in
eine Spirale von mindestens zwanzig Windungen aufgerollt.[4]

Erst 1903, also einundvierzig Jahre später, sollten die deutschen Entomologen Lionel Walter Rothschild und Heinrich Ernst Jordan
den Nachtfalter beschreiben, der *Angraecum* bestäuben kann: *Xan-*

Unter dem Mikroskop wird die Vielfalt der Pollenformen sichtbar.

Erdnusspflanze

Angraecum sesquipedale, *auch Stern von Madagaskar genannt*

Amorphophallus titanum, *zu Deutsch Titanwurz*

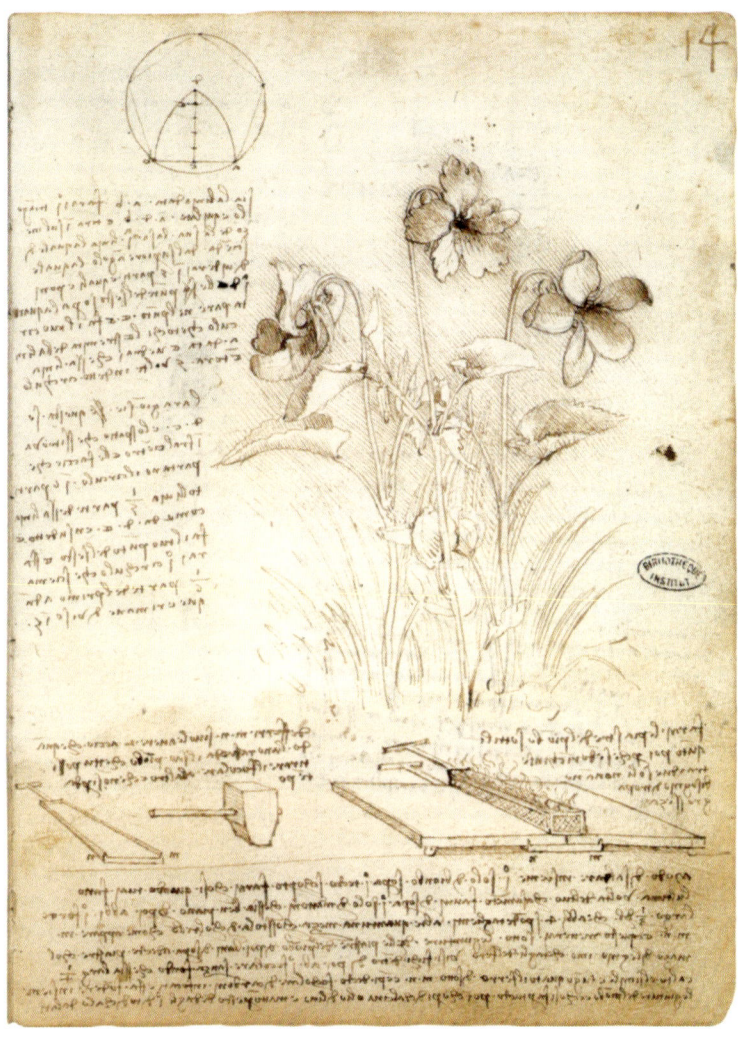

Leonardo da Vinci, Studie mit Veilchen, Lötwerkzeug, Holz, Blech und Notizen, *ca. 1485, Feder und Tusche (Paris, Institut de France)*

Ameisen der Gattung Pseudomyrmex *sammeln die eiweißreichen Fruchtkörper von Acacia cornigera*

Vier-Schilling-Gedenkmarke zum hundertsten Todestag von
Gregor Johann Mendel, dem »Entdecker der Vererbungsgesetze«

*Mit dem Plakat von 1943 fordert der amerikanische Staat die Bauern auf,
zum Wohlergehen des Landes beizutragen.*

thopan morgani praedicta. Mit seinem Namen erinnert der »vor-
hergesagte« Schmetterling nun für immer an Darwins Vorhersage.
Der Nachtfalter hat eine Flügelspannweite von dreizehn bis fünfzehn Zentimeter, ist hellrostrot gefärbt und besitzt einen maßlosen
Saugrüssel von fünfundzwanzig Zentimeter Länge. Genau, wie Darwin Jahrzehnte zuvor vermutet hatte.

Die Belege, die Darwin durch Beobachtung und Erforschung
der Pflanzen gewann, spielten, wie erwähnt, für die Entwicklung
und bei der anschließenden »Verteidigung« der Evolutionstheorie
eine große Rolle. Doch Darwins Pflanzenforschung bedeutete auch
einen enormen Erkenntnisgewinn für die Botanik, von praktischen
Anwendungsmöglichkeiten ganz zu schweigen. Betrachten wir beispielsweise die Fremdbestäubung der Pflanzen. Was uns heute
selbstverständlich scheint, bedeutete zu Darwins Zeit eine wahre Revolution. Der schwedische Mediziner, Botaniker und Naturkundler
Linné hatte zwar schon vor Darwin nachgewiesen, dass Blüten – zumindest überwiegend – sowohl männliche wie weibliche Fortpflanzungsorgane besitzen, und das anatomische Merkmal bildete die
Grundlage seines Klassifizierungssystems. Doch noch in der zweiten Hälfte des 18. Jahrhunderts glaubte man, Blüten würden normalerweise durch Selbstbestäubung befruchtet. Darwin konnte das
allerdings nicht überzeugen, denn wozu sollten Blüten männliche
und weibliche Fortpflanzungsorgane besitzen, wenn sie durch
Selbstbestäubung befruchtet wurden?

Darwin erkennt zudem, dass dies seiner Evolutionstheorie ent-
gegenstehen würde. Ohne Kreuzbefruchtung wäre die pflanzliche
Evolution erheblich verlangsamt, wenn nicht gar unmöglich. Die
Frage ist für Darwin so grundlegend, dass er ihr die Jahre nach der
Veröffentlichung von *Über die Entstehung der Arten* (1859) widmet.
Zunächst beschäftigt er sich mit dem (langen oder kurzen) Griffel
der Primel und erkennt so, dass die Kreuzung von Pflanzen mit unterschiedlichen Griffeln (kurz x lang) mehr und fruchtbarere Samen
hervorbringt. Er entdeckt damit den berühmten Heterosis-Effekt,

der in der Folge den Ertrag zahlreicher Nutzpflanzen steigern und die Landwirtschaft revolutionieren sollte. Doch von seinem eigentlichen Ziel ist Darwin noch weit entfernt. Er konnte für Pflanzen noch nicht den Beweis erbringen, »dasz die höheren Organismen einem beinahe allgemeinen Naturgesetz zufolge Creuzung mit einem anderen Individuum bedürfen«[5].

Christian Konrad Sprengel hatte 1793 in Berlin das Werk *Das entdeckte Geheimnis der Natur im Bau und in der Befruchtung von Blumen* veröffentlicht, in dem er sich ausführlich mit Insekten als Pollenkurieren (Entomophilie) beschäftigte. Doch von seinen Zeitgenossen wird das Buch nicht nur weithin unterschätzt; sie empfinden den Gedanken, Blumen könnten etwas mit sexueller Fortpflanzung zu tun haben, geradezu als obszön. Darwin dagegen findet Sprengels Buch »wunderbar«. Wirklich merkwürdig dabei ist, dass Sprengel, obwohl er die Funktion der Insekten beim Pollentransport richtig erkennt, selbst weiterhin an die von Linné postulierte Selbstbefruchtung bei Pflanzen glaubt und die grundlegende Bedeutung der Insekten für die Fremdbestäubung verkennt.

Anders Darwin: Als er die Bestäubungssysteme der Orchideen erforscht, begreift er, dass Formen und Farben, Nektar und Düfte, mit denen die Blüten Insekten anziehen, ebenso wie die verschiedenen anatomischen Bauweisen, die einen effektiven Pollentransport durch die Insekten gewährleisten, nichts weiter als »Einrichtungen« sind, die sich im Lauf der Zeit *evolutionär* entwickelt haben, um die Fremdbestäubung sicherzustellen.

Darwin kann so mit einem Schlag die *Koevolution* von Pflanzen und Insekten belegen und einen bedeutenden Beweis für seine Evolutionstheorie erbringen.

Die Pflanzenwelt gibt Darwin ausgezeichnetes Material an die Hand, um seinem Angriff auf den Kreationismus zusätzliche Schlagkraft zu verleihen. Denn die ortsfesten Pflanzen gelten – ähnlich wie heute – als etwas völlig anderes als Tiere: Man hält sie für gefühllos und ordnet sie einem eigenen Reich zu, das mit dem der Tiere we-

nig zu tun habe. Doch Darwin erkennt, dass die pflanzliche Evolution weniger an Emotionen rührt als die Evolution der Tiere oder
gar des Menschen; für eine ernsthafte, objektive wissenschaftliche
Erforschung scheinen ihm die Pflanzen daher geeigneter. In einem
Brief an den befreundeten Botaniker Asa Gray erläutert er seine
neue Strategie mit einer militärischen Metapher:»Niemand hat begriffen, dass mein Orchideenbuch ein heimlicher Angriff gegen den
Feind war.«

Darwin hat also erkannt, dass Pflanzen nicht weniger komplex
sind als Tiere:»Mit großer Freude habe ich in der Hierarchie der
Lebewesen stets die Pflanzen gerühmt.« Aber diesmal sollte sich
ihre allgemeine Unterschätzung wenigstens einmal als nützlich er-
weisen.

Wenn man sich Darwins außergewöhnliche Entdeckungen zum
Pflanzenverhalten vor Augen führt, darf ein Seitenblick auf seine be-
eindruckendste Erkenntnis zur Pflanzenphysiologie nicht fehlen:
seine»Theorie zum Wurzelgehirn«. Zwei Jahre vor seinem Tod
1882 veröffentlicht der betagte Wissenschaftler und Naturforscher
gemeinsam mit seinem Sohn Francis das revolutionäre Buch *The
Power of Movement in Plants*. *Das Bewegungsvermögen der Pflanzen*
sollte die Geschichte der Botanik verändern. Wie in anderen seiner
Werke bringt Darwin sein wissenschaftliches Ergebnis auf den letzten Buchseiten auf den Punkt:

> Es ist kaum eine Übertreibung, wenn man sagt, dasz die in die-
> ser Weise [mit Empfindungsvermögen] ausgerüstete Spitze des
> Würzelchens, welche das Vermögen die Bewegungen der be-
> nachbarten Theile zu leiten hat, gleich dem Gehirn eines der nie-
> deren Thiere wirkt; das Gehirn sitzt innerhalb des vorderen
> Ende des Kopfes, erhält Eindrücke von den Sinnesorganen und
> leitet die verschiedenen Bewegungen.[6]

Nachdem Darwin auf über fünfhundert Seiten die unzähligen beeindruckenden Möglichkeiten der Pflanzenbewegung beschrieben
hat, wobei er mindestens drei Viertel den Wurzeln widmet, kommt
er zu dem Schluss, dass es zwischen den Gehirnfunktionen eines
Wurmes oder anderer niederer Tiere und der Wurzelspitze einer
Pflanze keinen wesentlichen Unterschied gebe:

> Wir glauben, dasz es bei Pflanzen keine wunderbarere Bildung
> gibt, soweit die Functionen derselben in Betracht kommen, als
> die Spitze des Würzelchens. Wenn die Spitze unbedeutend ge-
> drückt, gebogen oder geschnitten wird, so leitet sie einen Ein-
> fluss auf den oberen, benachbarten Theil über und verursacht,
> dasz sich derselbe von der afficirten Seite wegbiegt; (…) Wenn
> die Spitze wahrnimmt, dasz die Luft auf der einen Seite feuchter
> ist als auf der anderen, so leitet sie gleichfalls einen Einfluss auf
> den oberen benachbarten Theil, welcher sich nun nach der Quel-
> le der Feuchtigkeit hinbiegt. Wenn die Spitze durch Licht gereizt
> wird (…), so biegt sich der benachbarte Theil von dem Lichte ab;
> wird sie aber durch Gravitation gereizt, so biegt sich derselbe
> Theil nach dem Mittelpunkt der Schwerkraft hin.[7]

Darwin entdeckt also, dass die Wurzelspitze ein raffiniertes Organ
ist, das verschiedene Parameter wahrnehmen kann. Und nachdem
er festgestellt hat, dass die Wurzelspitze auf äußere Reize reagiert,
vermutet er weiter, dass dort Signale erzeugt werden, die die Bewe-
gung auch der entfernteren Pflanzenteile steuern. Er beobachtet außerdem, dass Wurzeln ihre Empfindlichkeit großteils verlieren,
wenn man die Wurzelspitze chirurgisch entfernt. Sie können dann
etwa die Schwerkraft oder unterschiedliche Bodendichten nicht
mehr wahrnehmen. In anderen Worten: Darwin formuliert in seinem Buch eine überzeugende Hypothese über die Fähigkeiten der
Wurzel und begründet damit die Physiologie der Wurzel, da diese
Bedeutung für das Leben der ganzen Pflanze habe.

Ursprünglich in Australien beheimateter Eukalyptusbaum in einem populärwissenschaftlichen Werk über Darwins Reise an Bord der Beagle

Darwin nimmt mit dem eindringlichen Bild, Pflanzen seien kopfüber im Boden steckende Menschen, einen Gedanken der griechischen Antike auf. Der wichtigste Teil der Pflanze, ihre Kommandozentrale, befindet sich demnach unter der Erde (»das Gehirn sitzt innerhalb des vorderen Ende des Kopfes«), und die oberirdischen Pflanzenteile sind nichts anderes als der hintere Teil, in dem sich, wie bei allen Lebewesen, die Sexualorgane (Blüten) und Ausscheidungsorgane (Blätter) befinden.

Wie mit anderen seiner Ansichten stößt Darwin mit dieser These nicht gerade auf begeisterte Zustimmung. Besonders erbitterter Widerstand kommt dabei von deutschen Botanikern, allen voran Julius Sachs. Darwin hatte das allerdings vorausgesehen:

> Ich bereite mit meinem Sohn Francis ein umfangreiches Werk über das Bewegungsvermögen der Pflanzen vor, das, so denke ich, viele neue Erkenntnisse und Thesen enthält. Ich befürchte, dass unsere Ansicht in Deutschland auf große Ablehnung stoßen wird.

Die Ablehnung der deutschen Botaniker beruht allerdings weniger auf wissenschaftlichen Fakten, sondern speist sich aus anderen Motiven: insbesondere dem Ärger des großen Botanikers Sachs, der sein angestammtes Revier durch Darwin bedroht sieht. Sachs, der zahlreiche wissenschaftliche Bücher und Aufsätze über die Physiologie des pflanzlichen Bewegungsvermögens veröffentlicht hat, betrachtet die Arbeit des britischen Naturforschers als das Werk eines »Dilettanten« – *a country-house experimenter*. Dessen Versuchsergebnisse haben seiner Meinung nach nichts mit der ernsthaften Arbeit eines Pflanzenphysiologen zu tun. Sachs bittet seinen Assistenten Emil Detlefsen darum, Darwins Versuche zu wiederholen, vor allem die zum Wurzelverhalten, nachdem die Wurzelhaube, die äußerste Spitze, entfernt wurde.

Doch die Versuche werden – unter anderem, weil man Detlefsens Arbeit in Sachs' Labor kaum Achtung entgegenbringt – nur mangelhaft durchgeführt, und die Ergebnisse weichen völlig von denen Darwins ab. Als man Sachs darüber informiert, beschuldigt er Darwin umgehend, die Versuche »dilettantisch« ausgeführt und zu falschen Ergebnissen gekommen zu sein. Überflüssig zu sagen, dass Sachs selbst, beziehungsweise sein Assistent, die Versuche falsch ausgeführt hatte – wie sich dann herausstellen sollte. Ein ehemaliger Student von Sachs, der renommierte Botaniker Wilhelm Pfeffer, wiederholte nämlich kurze Zeit später Darwins Versuche und kam zu denselben Ergebnissen wie dieser. In seinem *Lehrbuch der Pflanzenphysiologie* würdigte er anschließend Darwins bedeutende Leistung, und der schmollende Sachs tat auch dieses Buch als »einen Haufen unverdauter Fakten« ab.

Heute wissen wir, dass die Wurzelspitze sogar noch mehr kann als von Darwin angenommen, nämlich bis zu fünfzehn physikalisch-chemische Parameter ihrer Umwelt wahrnehmen: außer Schwerkraft, Licht, Feuchtigkeit und Druck auch Sauerstoff, Kohlendioxid, Stickstoff, Ethylen, Schwermetalle, Aluminium, zahlreiche chemische Konzentrationsgefälle, Salz usw.

Seit seinen ersten Arbeiten in Cambridge erforschte Darwin die Pflanzen mit großer Leidenschaft und suchte in den beeindruckenden Geschöpfen nach Beweisen für seine Evolutionstheorie. Noch in seinen letzten Lebenstagen interessierte er sich für sie. Neun Tage vor seinem Tod am 19. April 1882 schrieb er seinen letzten Brief – in dem es natürlich um eine Pflanze ging.[8]

Federico Delpino (1833–1905)

SIEBTES KAPITEL

DIE BESONDERE BEZIEHUNG ZWISCHEN
PFLANZEN UND AMEISEN

Federico Delpino und die
Myrmekophilie

FEDERICO DELPINO IST ZWEIFELLOS der bedeutendste italienische Botaniker der zweiten Hälfte des 19. Jahrhunderts. Heute gilt er weltweit als Begründer der »Pflanzenbiologie«. Er hat Grundlegendes für seine Disziplin geleistet, von der Erforschung der Bestäubungsmechanismen zahlreicher Arten bis hin zur Neuordnung der Systematik. Zahlreiche biologische Fachbegriffe wie Dichogamie, Anemophilie oder Entomophilie wurden um 1870 von ihm kreiert und von den wichtigsten Botanikern seiner Zeit, ob Charles Darwin oder Asa Gray, umgehend übernommen.

Schon bei seinen Zeitgenossen galt Delpino als begnadeter Forscher. Wissenschaftler wie Severin Axell, Fritz Müller oder Friedrich Hildebrand, kurzum die Elite der weltweiten Botanik am Ende des 19. Jahrhunderts, würdigten ihn als Begründer der Pflanzenbiologie. Selbst Darwin, mit dem er einen mitunter geradezu freundschaftlichen Briefwechsel unterhielt (»Ich wäre Ihnen sehr dankbar, wenn Sie mir ein Foto von sich zusenden könnten. Gleichzeitig lege ich Ihnen eines von mir bei, und hoffe, Ihnen damit eine Freude zu bereiten«)[1], bewunderte ihn.

Delpinos Leistungen sind also unbestritten; dennoch sind seine Werke bis heute selbst unter Forschern wenig bekannt, da er ausschließlich auf Italienisch publizierte. Schon Darwin beklagte, dass er Delpinos Arbeiten nicht lesen könne, sondern auf die Übersetzungen seiner Frau vertrauen müsse: »Leider sind nur wenige Wissenschaftler des Italienischen mächtig, und wie Sie wissen, gilt das ebenso für mich. Ich werde meine Frau daher bitten, mir einige Teile daraus zu übersetzen, denn mit Sicherheit ist das Ganze für mich von großem Interesse.«

In diesem Punkt hat sich seit Darwins Zeiten wenig verändert, und daher weiß heute kaum jemand, welche bedeutende Rolle Delpino für die Botanik spielte.

Federico Delpino kam am 27. Dezember in Chiavari, in der Provinz Ligurien, zur Welt, als erstes von fünf Kindern des Anwalts Enrico Delpino und seiner Frau Carlotta. Die Mutter schickte das kränkliche Kind zur Abhärtung stundenlang zum Spielen in den Garten. In Erinnerung an seine Kindheit schreibt Delpino:

Als Naturkundler wird man entweder geboren, oder man wird es in den ersten Lebensjahren (…) Meine Mutter, eine außergewöhnliche Frau, schickte mich, weil ich kränklich war, von meinem vierten bis siebten Lebensjahr den ganzen Tag zum Spielen in einen kleinen Garten neben unserem Haus. Aber was sollte ein Kind tun, das dort viele Stunden sich selbst überlassen und vollkommen allein war? Ich verbrachte die Stunden damit, das Verhalten von Ameisen, Bienen und Wespen zu studieren. Dabei entdeckte ich unter anderem die seltsamen Nistgewohnheiten der großen schwarzen Holzbiene (*Xylocopa violacea*).

Delpino studierte später Mathematik und Naturwissenschaften an der Universität Genua. Doch als sich die wirtschaftliche Situation der Familie nach dem Tod seines Vaters verschlechterte, musste er 1850 die Universität verlassen und wurde mit neunzehn Jahren höherer Zollbeamter in Chiavari. Im Jahr 1867 konnte er jedoch nach Florenz ziehen, damals Hauptstadt des Königreichs Italien, um dort als Assistent von Filippo Parlatore am Botanikinstitut zu arbeiten. 1871 wurde er Professor für Naturgeschichte an der Forstakademie in Vallombrosa, 1875 erhielt er den Lehrstuhl für Botanik an der

Gedenktafel am Geburtshaus von Federico Delpino in Chiavari

Universität Genua. 1884 wechselte er an die Universität Bologna und zehn Jahre später dann an die Universität Neapel, wo er den Botanischen Garten leitete. Er starb am 14. Mai 1905. Das größte Geschenk, das Delpino der Botanik gemacht hat, ist zweifellos die Begründung der Pflanzenbiologie.

Zwei Botaniker hatten 1802 zeitgleich, aber unabhängig voneinander den Begriff der biologischen Wissenschaften entwickelt: Jean-Baptiste Lamarck und Ludolph Christian Treviranus. Zuvor gab es keine biologische Wissenschaft, da das 18. Jahrhundert, wie Michel Foucault zu Recht unterstrich, den Begriff des Lebens nicht kannte, sondern nur Lebewesen, die man durch das Raster betrachtete, das die Naturgeschichte vorgab.[2] Doch nun halten es Lamarck und Treviranus – trotz gewisser Unterschiede in der Definition des neuen Wissensgebiets – für dringend erforderlich, die Einteilung der Naturerscheinungen in drei Reiche, wie sie die Naturgeschichte jener Zeit vornahm, zu überdenken und grundsätzlich zwischen belebter und unbelebter Natur zu unterscheiden. Der Begriff der Biologie entstand, weil man die Lebewesen auf eine neue Weise erforschen wollte, die vor allem darauf abhob, was die belebte Welt von

In der Mitte Charles Darwin, umgeben von Federico Delpino, Fritz Müller,
Friedrich Hildebrand und Severin Axell
(aus Paul Knuth, Handbuch der Blütenbiologie, *1898–1904)*

der anorganischen Materie unterschied. Dazu entlieh man sich den Begriff der Sensibilität oder Reizbarkeit von der medizinischen Physiologie und wandte ihn auf alle Lebewesen an.

Der ursprünglich weit gefasste Begriff der Biologie verengte sich im Lauf der Zeit allerdings immer mehr zur Physiologie oder »Funktionsweise lebender Organismen«. Das lag vermutlich daran, dass sich die Biologie – anders als die Naturgeschichte, die bei der Morphologie oder Systematik ansetzte – mit funktionalen Prozessen beschäftigte und sich das Wissen zu Beginn des 19. Jahrhunderts zunehmend spezialisierte. Fest steht jedenfalls, dass der Gedanke der Einheit des Lebens in den Hintergrund trat.

Im Jahr 1867 begründet Federico Delpino mit seinem grundlegenden Werk *Pensieri sulla biologia vegetale* (Gedanken zur Pflanzenbiologie) diese Wissenschaft. Er definiert die Pflanzenbiologie als den Zweig der Naturwissenschaften, der sich der Erforschung des pflanzlichen Lebens im Verhältnis zu seiner Umwelt widmet, also als einen naturwissenschaftlichen Forschungsbereich, der seinen Schwerpunkt auf die Mechanismen legt, die Pflanzen zur Interaktion mit der Umwelt befähigen. Ein revolutionärer Gedanke, wenn man bedenkt, dass damals selbst ein Botaniker vom Kaliber eines Augustin-Pyrame de Candolle die Umweltanpassung der Pflanzen als »seltsamen Zufall« bezeichnete.

Delpino hatte den genialen Einfall, aus der Zoologie die Begriffe *Instinkt* und *Ethologie* zu entlehnen. Unter Instinkt verstand er Verhaltensweisen von Tieren, mit denen sich diese einer sich ständig verändernden Umwelt anpassen, um als Individuum und Art zu überleben; unter Ethologie die Wissenschaft, die diese Verhaltensweisen erforscht. Doch diese Begriffe konnte man, so Delpino, ebenso verwenden, um die zahlreichen, komplexen pflanzlichen Aktivitäten zu beschreiben: Verteidigung, Fortpflanzung, Samenverbreitung und soziales Leben. Dabei war er sich über die Schwierigkeiten, die die Anwendung des Begriffs Instinkt auf die Pflanzenwelt mit sich bringen würde, durchaus im Klaren. Normalerweise gestand man der

Pflanzenwelt, weil sie scheinbar bewegungslos war, nämlich keine
Sensibilität oder Reaktivität zu:

> Wenn man den Schleier der angeblichen Bewegungs- und Fühl-
> losigkeit der Pflanzen lüftet, entdeckt man darunter (…) zahlrei-
> che hochinteressante Phänomene, die es in puncto Anzahl, Viel-
> fältigkeit, Erfindungsreichtum und Wirksamkeit mit denen der
> Lebewesen im Tierreich aufnehmen können.

Als überzeugter Anhänger der Evolutionstheorie erkannte Delpino
in der Pflanzenbiologie den Schlüssel, um die von Darwin postulierte Variabilität der Arten zu beweisen. Im Jahr 1881 schreibt er:

> Die Hauptursache für die Variabilität der Organismen ist ihre
> fortschreitende Fähigkeit, sich an veränderte äußere Bedingun-
> gen anzupassen (…) Die Erforschung dieser Anpassungen oder
> der komplexen Beziehungen, die zwischen den Organismen
> oder zwischen einem Organismus und seiner Umgebung beste-
> hen, fällt heute ausschließlich in den Kompetenzbereich der Bio-
> logie.

Die Pflanzenbiologie ist für Delpino somit das geeignetste Mittel,
um Wandel und Evolution einer Art zu beurteilen. Im Jahr 1899 be-
kräftigt er:

> Was wäre die Morphologie denn ohne die Unterstützung durch
> die Biologie anderes als eine undankbare, dürftige und frucht-
> lose Betrachtung von Formen und Metamorphosen, der es an
> Konzept, Aussagekraft und Geist gebricht? Was ist die reine,
> schlichte Morphologie denn anderes als der Maßstab für unsere
> Unwissenheit? Wenn die Morphologie in der Biologie aber die
> passende Unterstützung findet, dann vervollständigt sie sich
> und ersteht wieder auf, und wenn sich beide gegenseitig stützen,

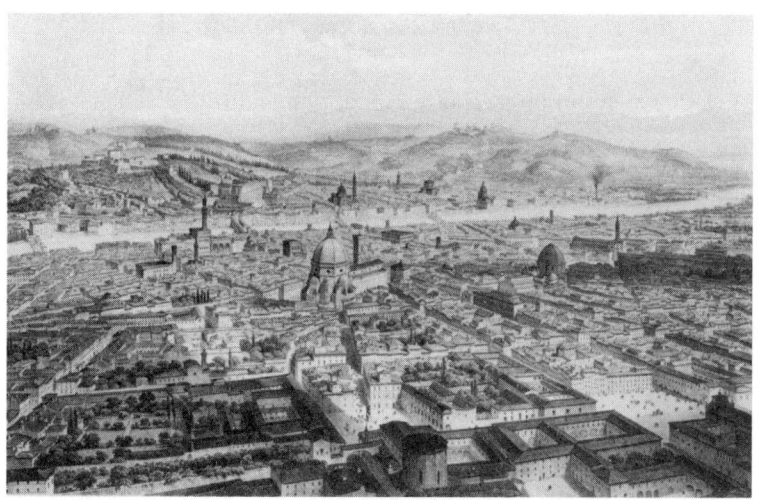

Ansicht von Florenz in einer Lithografie von Alfred Guesdon und Théodore Müller (1849)

bilden sie gemeinsam ein wissenschaftliches Ganzes von höchstem philosophischen Interesse.

Pflanzen können nach Delpinos Ansicht also bestens auf ihre Umwelt reagieren und zeigen echtes Verhalten. Und es war diese moderne Sicht auf die Pflanzen, die Delpino schließlich eine besonders geniale Entdeckung ermöglichte: die der Zusammenarbeit zwischen Pflanzen und Ameisen.

Lange und ausgiebig erforschte der italienische Botaniker die zahlreichen Mechanismen und Strategien, mit denen Pflanzen versuchen, sich gegen tierische Räuber zu verteidigen. Als Reaktion auf all jene Organismen, von Mikroorganismen bis zu Säugetieren, die Pflanzen auf ihrem Speisezettel haben, haben diese nämlich offenbar zahlreiche aktive und passive Strategien entwickelt, mit denen sie Feinde fernhalten, abschrecken oder gar beseitigen können. Dornen, Pfeile, Harz oder Giftstoffe sind dabei nur die offensichtlichs-

ten, unmittelbaren Abwehrmaßnahmen, um den Gegner empfind-
lich zu treffen.

Doch Delpino interessierte sich vor allem für die weniger offensichtlichen, indirekten Verteidigungsstrategien der Pflanzen und
erforschte sie systematisch. Und so entdeckte er als Erster die sogenannte Myrmekophilie. Myrmekophilie bedeutet wörtlich »Liebe
zu den Ameisen« und bezeichnet eine positive Beziehung zwischen
Ameisen und anderen Arten. Zunächst erforschte Delpino die myr-
mekophile Beziehung zwischen Insekten, etwa manchen Schmuckzikaden (*Cidadellinae*) und Ameisen.[3] Die hochaggressiven Amei-
senarten bieten den Schmuckzikaden Schutz und dürfen als
Gegenleistung von einer stark zucker- und nährstoffhaltigen Ausscheidung an deren Hinterleib trinken. Danach erforschte Delpino
die Myrmekophilie bei Pflanzen und fand ungefähr achtzig
Pflanzenarten, die mit Ameisen wechselseitige Beziehungen unter-
halten.[4] Auf diese ersten Forschungsarbeiten, die fast ausschließlich
in Delpinos Zeit in der Toskana fallen – als Assistent von Filippo
Parlatore (Chef des angesehenen *Bullettino della Società Toscana di
Orticoltura* – Bulletin des Toskanischen Gartenbauvereins) und später als Professor für Naturgeschichte am Forstinstitut Vallumbrosa
–, sollten bald viele weitere folgen.

Wenige wissen, dass Delpinos Interesse für die besondere Beziehung zwischen Pflanzen und Ameisen auf einen wissenschaftlichen
Disput zurückging, an dem auch Charles Darwin beteiligt war: Es
ging dabei um den Sinn der extrafloralen Nektarien – der Honig-
drüsen etlicher Pflanzen, die außerhalb der Blüte Nektar erzeugen.
Nach Darwins Ansicht hatten die extrafloralen Nektarien für die
Pflanze keinerlei Funktion. In *Über die Entstehung der Arten*
schreibt er:

Gewisse Pflanzen scheiden eine süsse Flüssigkeit aus, wie es
scheint, um irgend etwas Nachteiliges aus ihrem Safte zu entfernen. Dies wird z. B. bei manchen Leguminosen durch Drüsen

Myrmekophilie zwischen Acacia cornigera *und den Ameisen* Pseudomyrmex
(© Dan L. Perlman/EcoLibrary 2008)

am Grunde der Stipulae und beim gemeinen Lorbeer auf dem
Rücken seiner Blätter bewirkt. Diese Flüssigkeit, wenn auch nur
in geringer Menge vorhanden, wird von Insekten begierig auf-
gesucht; aber ihre Besuche sind in keiner Weise für die Pflanzen
von Vorteil. Nehmen wir nun an, es werde ein wenig solchen
süssen Saftes oder Nektars von der innern Seite der Blüten einer
gewissen Anzahl von Pflanzen irgend einer Spezies ausgeson-
dert. In diesem Falle werden die Insekten, welche den Nektar
aufsuchen, mit Pollen bestäubt werden und denselben oft von einer Blume auf die andere übertragen. Die Blumen zweier verschiedener Individuen einer und derselben Art würden dadurch
gekreuzt werden; und die Kreuzung liefert, wie sich vollständig
beweisen lässt, kräftige Sämlinge, welche mithin die beste Aussicht haben zu gedeihen und auszudauern. Die Pflanzen mit Blüten, welche die stärksten Drüsen oder Nektarien besitzen und
den meisten Nektar liefern, werden am öftesten von Insekten be-

sucht und am öftesten mit anderen gekreuzt werden und so mit
der Länge der Zeit allmählich die Oberhand gewinnen und eine
lokale Varietät bilden.[5]

Kurz gesagt, laut Darwin waren die extrafloralen Nektarien Ausscheidungsorgane, über die Pflanzen überflüssige Substanzen nach
draußen beförderten. Im Lauf der Evolution hätten sie sich dann zu
floralen Nektarien weiterentwickelt, um Bienen und andere Insekten zum Zweck der Kreuzbestäubung anzuziehen. Doch Delpino
konnte sich mit dieser Vorstellung nicht anfreunden: Wie konnte
man eine so stark zuckerhaltige Substanz einfach als Ausscheidung
bezeichnen? Wenn die Pflanze einen derartigen Zuckerverlust zu-
ließ, dann mussten die extrafloralen Nektarien doch eine ähnliche
Aufgabe haben wie die floralen Nektarien, nämlich nützliche Insekten anlocken.

Um das zu beweisen, erforschte Delpino, welchen Schutz und
welche kommunikativen Vorteile die Ameisen den Pflanzen boten.
Als Ergebnis legte er beeindruckend umfangreiche Forschungsarbeiten vor, die 1886 als abschließende Monografie zu dem Thema
erschienen. Delpino beschreibt darin ungefähr dreitausend myrme-
kophile Arten aus dreihundert Gattungen und fünfzig Familien, die
extraflorale Nektarien besitzen. Neben Arten, die Ameisen durch
Nektar anziehen, führt er über hundertdreißig weitere Arten aus
neunzehn Gattungen und elf Familien an, die Ameisen Unter-
schlupf gewähren und sie auf diese Weise anlocken. In seinen genialen Arbeiten schildert Delpino ein bis dahin unvorstellbares
Szenario: Pflanzen und Insekten, die zusammenwirken, wovon besonders Erstere profitieren.

Aber auch Delpinos Bemühungen, den Pflanzen endlich die Anerkennung als intelligente Lebewesen zu verschaffen, sollten nicht
unerwähnt bleiben. Seiner Ansicht nach war der erste Schritt dazu
eine geeignete Definition von Intelligenz, die man dann bei den
jeweiligen Lebewesen nachzuweisen habe. Delpino betrachtete In-

telligenz dabei nicht als eng umrissenes Phänomen, sondern eher als graduelle Abstufung ein und desselben Prinzips:

> Instinkt und Vernunft sind, anders als die meisten Metaphysiker glauben, nichts weiter als zwei Formen oder zwei Abstufungen ein und desselben grundsätzlichen Prinzips: der Intelligenz. Intelligenz an sich kann man nicht erkennen; damit sie erkannt und anerkannt wird, muss sie in Handlung übersetzt werden.

Damit eine Handlung als intelligent gelten kann, müssen laut Delpino drei Phasen stattfinden:

> Ausgangspunkt, Weg und Ziel (...) Sie sind Teil des Pfeils, der in Jupiters Auge seinen Anfang nimmt, den Raum durchquert und das Ziel trifft.

Diese drei Phasen finde man, so Delpino, in instinktgesteuerten wie in vernunftgesteuerten Handlungen, denn der Unterschied zwischen Instinkt und Vernunft sei kein *qualitativer* oder *kategorialer*, sondern lediglich ein *quantitativer*. Instinktive Handlungen unterscheiden sich daher von vernunftgesteuerten allein durch das Bewusstsein. Jedes Lebewesen könne sich dabei, erstens, keiner der drei Phasen bewusst sein, sich, zweitens, der ersten und zweiten Phase graduell bewusst sein, sich der dritten aber vollkommen unbewusst sein und sich, drittens, aller drei Phasen graduell bewusst sein.

Das Leben der Pflanzen und das embryonale Leben der Tiere seien durch ein nur minimales Bewusstsein gekennzeichnet. Das bedeute aber keineswegs, dass Pflanzen keine Intelligenz besäßen. Im Gegenteil:

> Hingegen unterläuft dieser Fehler den meisten Pflanzenkundlern, weil sie die Phänomene der pflanzlichen Lebensäußerungen in ihren allgemeinen oder speziellen botanischen Abhand-

lungen nicht ausreichend erkennen und vernachlässigen (…)
Dieser Fehler erklärt sich leicht, wenn man bedenkt, dass diese
Annahme aus tief verwurzelten und weitverbreiteten Ansichten
entsteht, die ich aber dennoch für Vorurteile halte.

Da bei den Tieren die histologischen Elemente von weicher
Konsistenz sind, lassen sich die Handlungen und Äußerungen
ihrer Sensibilität, ihrer Bedürfnisse und Intelligenz leicht erkennen, und zwar dank einer zuverlässigen Vorhersage ihrer Bewe-
gung in Raum und Zeit. Weil die Pflanzen hingegen in anato-
misch starren und kaum beweglichen Elementen gefangen und
noch dazu unweigerlich fest am Boden verankert sind, lassen sie
nur selten Anzeichen ihrer Sensibilität erkennen. Und da die
Sensibilität als alleiniges Zeichen der Intelligenz gilt, betrachtet
man Pflanzen im Allgemeinen nicht als intelligent. Diese
Schlussfolgerung scheint mir ein schwerer Fehler zu sein, der
aus einer nur oberflächlichen Bewertung der Fakten herrührt.

Wenn man Delpinos Worte liest, überrascht vor allem die Moder-
nität seiner Vorstellungen. Sein einzigartiger wissenschaftlicher Ansatz wird in allen seinen Werken deutlich. Auch wenn er nur alltägliche Erlebnisse tagebuchähnlich festhält und etwa beschreibt, wie
die Linde oder andere Arten ihre Samen verbreiten.

Meine Hommage an diesen großen Botaniker, dem ich mich besonders verbunden fühle, möchte ich darum mit einer typischen
Episode aus seinem Forscherleben beschließen.

Wie Delpino erzählt, ging er an einem windigen Tag in Florenz
am Arno spazieren und sah plötzlich etwas durch die Luft fliegen,
das seine Aufmerksamkeit fesselte. Er hielt es im ersten Moment für
einen Schmetterling, doch als er es in die Hand nahm …

Es gelang mir, es mit beiden Händen einzufangen. Doch ich hielt
keinen Schmetterling in den Händen, sondern bemerkte nicht
ohne Überraschung, dass es sich um die Frucht einer Linde han-

delte, mit Stiel und Deckblatt. Das ließ mich darüber nachdenken, welche Rolle diese Bestandteile bei der Reise durch die Luft spielen. Besonders beeindruckte mich dabei die Einfachheit und Perfektion dieses kleinen Flugapparats, dessen sorgfältig kalkulierte Proportionen, davon bin ich überzeugt, jeder Mathematiker bewundern würde. Die Frucht, der schwerste Teil, dient als Spanngewicht und hält den Apparat so in Position, dass der Stiel senkrecht und das Deckblatt, in Längsrichtung, schräg in der Luft bleiben.

Der Flugapparat ähnelt damit einem Hirschkäfer oder einem Drachen, wie ihn die Kinder an windigen Tagen in die Lüfte steigen lassen. Mit dem Unterschied jedoch, dass die Flugbahn des Hirschkäfers, die durch ein langes, als Steuer dienendes Anhängsel bestimmt wird, entlang einer waagerechten Achse in einer Richtung verläuft, während sich der kleine Flugapparat der Lindenfrucht drehend und kreiselnd fortbewegt und seine Drehbewegung je nach Windstärke stärker oder schwächer wird.

Auf den ersten Blick mag dieser Flugapparat zufällig und sinnlos wirken, doch in Wahrheit ist er genial und perfekt konstruiert. Beim Hirschkäfer sorgen nämlich die lange Kante, die Schwerkraft des Gewichts, das die Kante spannt, und das lange, als Steuer dienende Anhängsel dafür, dass der Flugapparat durch einen heftigen Windstoß nicht aus dem Gleichgewicht gerät und kippt. Doch hier hat die in ihren Erfindungen so schlichte und effiziente Natur, die dem Apparat durch eine Drehachse, anstelle einer konstant in eine Richtung weisenden Achse, eine Übertragungsbewegung aufzwingt, mit geringstmöglichem Materialaufwand das Gleichgewichtsproblem selbst bei starkem Wind gelöst: Seine Kraft wird durch die Häufigkeit der Kreiselbewegungen einfach vermindert oder verstärkt.

Die Natur hätte andernfalls mit Schwanzanhängsel, überlangem Stiel und einer ziemlich schweren Frucht riesige Materialmengen verschwenden müssen.

In dieser Schilderung verbindet Delpino einen wunderbaren Stil mit der detaillierten technischen Beschreibung des Flugapparats der Lindenfrucht und lässt damit einen Ansatz erkennen, den wir heute als Bioinspiration bezeichnen würden: als Ableitung möglicher technischer Lösungen aus der Erforschung der Natur. Federico Delpino beweist damit einmal mehr, wie weit er seiner Zeit voraus war.

Lindenzweig mit Blättern und Früchten (Tilia vulgaris)*:*
Der sehr langlebige Baum gehört zur Familie der Lindengewächse (Tiliaceae)
oder Malvengewächse (Malvaceae).

233

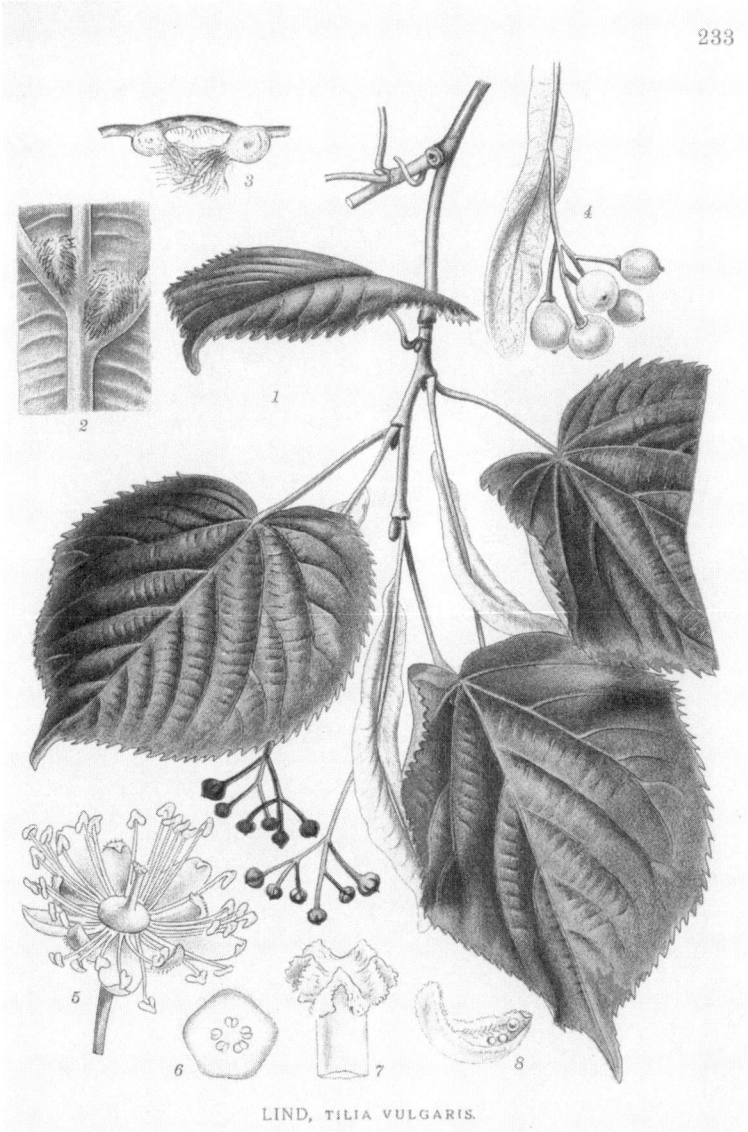

LIND, TILIA VULGARIS.

Odoardo Beccari (1843–1920)

Odoardo Beccari entdeckt
Amorphophallus titanum

IN SEINEM DRITTEN JAHRGANG, in der Ausgabe vom Mai 1878, konnte das *Bullettino della Reale Società Toscana di Orticoltura* in großen Lettern auf der Titelseite verkünden, dass eine »wunderbare, in Sumatra beheimatete Pflanze« nun erstmals bestimmt und beschrieben worden sei. Die Beschreibung der wundersamen Pflanze verdankte man dem Florentiner Entdeckungsreisenden und Naturforscher Odoardo Beccari. Und die Pflanze war keine Geringere als die berühmt-berüchtigte Titanwurz. Mit ihren kolossalen Proportionen und ihrer riesigen – allerdings höchst übelriechenden – Blüte ist *Amorphophallus titanum* ist die größte Blume der Welt.

Schon der erste Auftritt von *Amorphophallus* im *Bullettino* begeisterte die Öffentlichkeit. Die Titanwurz wurde auf der Stelle zum Superstar der Botanik. Und noch heute, hundertdreißig Jahre nach ihrer Entdeckung, pilgern wahre Menschenmassen zu der Pflanze und nur zu ihr, um ihre Blüte zu erleben. Wie es sich für einen Star gehört, hat sie eine weltweite Fangemeinde: In jedem botanischen Garten, der etwas auf sich hält, wird die Titanwurz vom Publikum umschwärmt und von den Medien mit der ihr gebührenden Aufmerksamkeit bedacht. Seit ihrer Entdeckung 1878 wird die Celebrity allgemein bestaunt. Darum möchte ich im Folgenden etwas über die näheren Umstände ihrer Entdeckung erzählen, und zwar vor allem mit Beccaris eigenen Worten im *Bullettino*.

Die Geschichte nimmt am 6. August 1878 ihren Anfang. Odoardo Beccari, fünfunddreißig Jahre alt, befindet sich auf der Insel

Eine blühende Titanwurz im Botanischen Garten Stockholm

Sumatra und entdeckt nahe des Ortes Ajer Manteior, im weniger wilden Teil der Insel, eine neue, erstaunliche Pflanzenart:

> Wer glaubt, ich hätte *Amorphophallus* in einem abgelegenen, wilden Gebiet Sumatras entdeckt, der täuscht sich gründlich. Ich fand sie nämlich, mit vielen anderen der Wissenschaft bisher unbekannten Pflanzen und Tieren, in dem am häufigsten besuchten und zugänglichsten Teil der Insel.[1]

Beccari erkennt die Bedeutung seines Fundes sofort. Obwohl er nur wenig Zeit hat, nach Florenz zu schreiben, will er seine verblüffende Entdeckung umgehend bekannt machen. Seine Beschreibung der neuen Pflanze vertraut er daher einem Brief an, der per Kurier an den Marchese Corsi-Salviati geht. Dieser soll die Erstbeschreibung dann im *Bullettino* veröffentlichen lassen:

> Ich habe nur wenig Zeit, Ihnen zu schreiben, aber ich will den Kurier nicht abreisen lassen, ohne Sie über eine interessante botanische Entdeckung zu informieren. Es handelt sich um ein gigantisches Aronstabgewächs, das nur mit der *Stirikadona* vergleichbar ist, die Seemann in Nicaragua gefunden hat. Ich habe keine Literatur bei mir und kann die Gattung darum nicht mit Sicherheit bestimmen, zudem habe ich nur fruchttragende Exemplare gefunden. Ich glaube, es ist ein *Conophallus*, und darum werde ich sie *C. titanum* nennen. Die Knolle, die ich ausgegraben habe, misst einen Meter und vierzig Zentimeter im Durchmesser: Zwei Männer konnten sie kaum tragen; auf der Straße sind sie gestürzt, und die Knolle ist zerbrochen. Ich werde jedoch noch weitere bekommen und Ihnen Exemplare schicken, die austreiben können. Derweil sende ich Ihnen die Samen.

Um die Außergewöhnlichkeit seines Fundes zu unterstreichen, legt Odoardo Beccari den Samen mehrere eigenhändige Zeichnungen

bei – damals musste ein wahrer Naturkundler unbedingt die ein-
schlägigen Maltechniken beherrschen. Die eindrucksvollen Zeichnungen zeigen die riesige Knolle und die beiden Männer, die zu ihrem Transport erforderlich waren.

Aus der Knolle wächst, wie bei *Amorphophallus*, ein einziges
Laubblatt; im Grunde unterscheidet sich dessen Form und Glie-
derung nur durch seine Größe von der vorgenannten Gattung.
Aber welche Größe! Der Blattstiel maß am Grund neunzig Zentimeter im Durchmesser, verjüngte sich nach oben hin leicht
und erreichte eine Höhe von drei Meter fünfzig; die Oberfläche
war glatt, grün gefärbt und mit beinah kreisförmigen Flecken
übersät, die so weiß sind wie Flechtenflecken auf glatter Baum-
rinde. Die drei Verzweigungen, in die sich der Stiel oben teilte,
waren so groß wie ein menschliches Bein und teilten sich mehrfach, wobei jede Laubwerk von insgesamt drei Meter zehn Länge bildete. Die vollständige Blattspreite nahm eine Fläche von
fünfzehn Metern im Umfang ein. Der Schaft eines fruchttragenden Exemplars besaß die für den Stiel beschriebenen Abmessungen. Der Fruchtstand war zylinderförmig, mit ca. fünfundsiebzig Zentimeter Umfang und fünfzig Zentimeter lang; er war
dicht mit olivenförmigen Früchten von fünfunddreißig bis vierzig Millimeter Länge und fünfunddreißig Millimeter Durchmesser bedeckt, die eine Acerola-rote Färbung besaßen und jeweils zwei Samen trugen. Über die Blüte kann ich nichts sagen.
Ich hoffe, sie eines Tages zu sehen, sie muss wirklich gigantisch
sein. Vielleicht noch größer als die der Rafflesie (…)[2]

Beccari hat keine Literatur zur Verfügung und vor allem noch keine
Blüte der Pflanze gesehen. Daher ordnet er sie fälschlicherweise der
Gattung *Conophallus* zu und nennt sie *C. titanum*. Doch er schließt
aus dem, was er gesehen hat, richtigerweise, dass die Blüte der Pflanze gigantisch sein muss. Und seine Jagd auf die Blüte dauert kaum

einen Monat: Am 6. September 1878 teilt er dem Marchese Corsi-Salviati in einem Brief aus Kayù Tanàm triumphierend mit, dass die Blüte seiner Pflanze tatsächlich die mit Abstand weltweit größte ist:

Der Rekord von *Rafflesia Arnoldii* ist gebrochen: Sie trägt nicht länger die größte uns bekannte Blüte. Der Blütengigant heißt nun *Conophallus titanum*. Gestern, am 5. September, habe ich endlich eine Blüte der außergewöhnlichen Pflanze erhalten.[3]

Die außergewöhnliche Entdeckung bleibt allerdings mit einer gewissen Unsicherheit behaftet: Auch weil »die Literatur fehlt«, kann Beccari nicht mit Sicherheit sagen, ob es sich um *Amorphophallus* oder *Conophallus* handelt. Er beschreibt die Blüte für das *Bullettino* so:

Erscheinungsbild und Färbung der Blüte ähneln stark denen von *Amorphophallus campanulatus*, die Form des Hochblatts ist fast identisch. Was die Gattungsmerkmale betrifft, scheint sie zwischen *Conophallus* und *Amorphophallus* zu liegen, aber weil mir die Literatur fehlt, kann ich das momentan nicht entscheiden. Ich habe die Fortpflanzungsorgane jedoch noch im Kopf und hoffe, zu gegebener Zeit eine detaillierte Illustration anfertigen zu können. Hier folgt eine Beschreibung, die mit Ihrer Billigung im *Bullettino* veröffentlicht werden kann. Ich sagte bereits, dass die Blüte der von *A. campanulatus* ähnelt. Deren Blüte hielt man einst für groß, aber die von *A. titanum* ist zehn Mal größer. Das Exemplar, das ich begutachten konnte, besaß einen ein Meter fünfundsiebzig langen Kolben (*Spadix*) (so lang also wie ein durchschnittlicher Mensch), wenn man den Blütenschaft nicht berücksichtigt und die Länge der Blüte ab dort, wo sich das Hochblatt (*Spatha*) entwickelt, bis zum Ende des sterilen Anhängsels misst. Im Vergleich zum Blattstiel einiger Laubblätter war der Blütenschaft nicht sehr hoch (ca. fünfzig Zentimeter

hoch und acht Zentimeter im Durchmesser), grün mit linsen-
förmigen weißlichen Pünktchen.

Es handelte sich also um ein wahres »Monstrum«. In der wissenschaftlichen Literatur war bislang nichts Vergleichbares beschrieben worden. Eine wirklich ungewöhnliche Pflanze, die gut zur Per-
sönlichkeit ihres Entdeckers passte. Beccari fährt im distanzierten
Tonfall des Botanikers mit der Beschreibung der riesigen Blüte fort:

Der maximale Durchmesser des Hochblatts betrug dreiund-
achtzig Zentimeter, seine Tiefe ca. siebzig Zentimeter; die Form
ist glockenförmig, mit umgestülptem, grob gezähntem und stark
gefälteltem Rand. Das Innere ist im untersten Bereich blassgrünlich, doch am Rand in kräftigem Tiefpurpur gefärbt; das
Äußere ist blassgrünlich, wobei die untere Hälfte glatt und die
obere dicht gefältelt ist. Der Kolben ohne Hochblatt maß über
ein Meter fünfzig, war aber nur bis in zwanzig Zentimeter Höhe
unten mit Blütenstempeln und weiter oben mit Staubblättern bedeckt, sterile Organe fehlten ganz; das Anhängsel war somit ein
Meter dreißig lang, besaß am Fuß einen Durchmesser von acht-
zehn bis zwanzig Zentimetern und verjüngte sich zur Spitze hin,
die allerdings sehr stumpf ist. Die Oberfläche ist fast glatt, aber
mit breiten Oberflächenfalten in Längsrichtung, die Färbung am
Fuß ein schmutziges Gelb, das zur Spitze hin bläulich wird. Die
Fruchtknoten sind dunkelviolett, drei- oder manchmal zwei-
kammerig, mit nur einer anatropen Samenanlage pro Kammer.
Sie sind rund-konisch geformt, unabhängig voneinander und
verjüngen sich zu einem sehr dünnen Griffel, der mit einer rundlichen gelblichen, oberflächlich dreiteiligen Narbe endet. Die
Staubblätter sind stiellos mit rundlichen unterteilten Staubbeu-
teln, die an der Spitze an zwei schmalen Porenspalten aufplatzen;
sie sind hellgelb gefärbt.

Einige Jahre später, 1889 – Beccari ist nun endgültig nach Florenz
zurückgekehrt, um sich der Erforschung der unzähligen Exemplare
zu widmen, die er von seinen Forschungsreisen mitgebracht hat –,
veröffentlicht er eine endgültige Beschreibung des riesigen Ahorn-
stabgewächses, das mithilfe der Literatur inzwischen der Gattung
Amorphophallus zugeordnet und in *Amorphophallus titanum* um-
getauft wurde.

In Beccaris exquisiter Studie wechseln sich fachliche
Beschreibungen inklusive genauer Abmessungen (Umfang der
Knolle ein Meter vierzig, Gesamthöhe der blühenden Pflanze ohne
Knolle zwei Meter fünfundzwanzig, Gesamtlänge des Kolbens ohne
Hochblatt ein Meter fünfzig) mit Abschnitten ab, die wie aus einem
Reisetagebuch klingen.

So beschreibt Beccari die Entdeckung der Pflanze:

Aber vor allem sollte ich erzählen, wie ich diese Pflanze überhaupt entdeckt habe. Wie jeden Morgen begab ich mich kurz
nach Sonnenaufgang mit zwei oder drei meiner Männer in den
Wald, um nach Tieren und Pflanzen suchen. Der Wald von Ajer
Manteior bot mir so viel Interessantes, dass ich nicht das Be-
dürfnis verspürte, mich weit vom Haus zu entfernen. Doch seit
einigen Tagen besuchte ich stets dieselbe Stelle, die nicht mehr
als zweihundert bis dreihundert Meter vom Ort entfernt lag,
ohne dass mir dort irgendetwas Außergewöhnliches aufgefallen
wäre, obwohl es mir bestimmt mehrfach unter die Augen gekommen war. Doch schließlich verblüffte mich etwas, das wie
ein Baumstamm mit glatter Rinde und Flechtenflecken aussah.
Denn als ich nach oben schaute, bemerkte ich sofort, dass das,
was ich für einen der unzähligen Baumstämme in diesem Wald
gehalten hatte, nichts anderes war als der riesige Stiel einer gigan-
tischen *Aroideae*. Ich hatte mich also mehrere Tage von der Ähnlichkeit täuschen lassen, die der weiche Stiel des Laubblatts einer
Titanwurz mit einem harten Baumstamm hat.[4]

Eine blühende Titanwurz im Botanischen Garten Bonn (© Raimond Spekking)

Es ist faszinierend zu lesen, wie Beccari seine scharfsinnigen wissenschaftlichen Beobachtungen durch persönlich Erlebtes untermauert. So wird sein Bericht über die Entdeckung der Pflanze und der Täuschung, der er aufgesessen ist, als er den Blattstiel für einen Baumstamm hielt, zu einem Aufhänger, um sich der Mimikry von Pflanzen zuzuwenden, wobei er die Mimikry-Definition von Henry Walter Bates und Alfred Russel Wallace[5] – ja, *der* Wallace von Darwin – so erweitert, dass sie der heutigen Vorstellung von Mimikry äußerst nahe kommt. Er schreibt:

> Die Biologen, die sich mit dem Leben in all seinen Erscheinungsformen beschäftigen, erkennen darin sofort einen Schutzmechanismus, wie er bei Tieren nicht selten ist und auch bei Pflanzen vorkommt und der Mimesis, Mimese oder Mimikry genannt wird. Wallace, der auf diesem Gebiet wohl die größte Kompetenz besitzt, schreibt in seinem neuesten Buch nämlich, dass die Bezeichnung »Mimikry« eine Form der schützenden Ähnlichkeit meint, bei der eine Art einer anderen äußerlich und in der Färbung so stark ähnelt, dass man sie mit dieser verwechseln kann, obwohl sie nicht miteinander verwandt sind und häufig sogar unterschiedlichen Familien angehören.

Beccari, der von dem Blattstiel der Titanwurz so lange getäuscht worden war, vermutet jedoch, dass die Funktion der Mimikry wesentlich weitreichender ist als von Wallace und Bates nur wenige Jahre zuvor angenommen. Er fährt fort:

> Mir scheint es jedoch nicht unangemessen, dem Begriff Mimikry eine wesentlich weitreichendere Bedeutung zu geben als nur eine äußerliche Ähnlichkeit zwischen eigentlich unähnlichen Arten, nämlich auch die Nachahmung der Form bestimmter Teile wie Stiele oder Blätter oder bestimmter Färbungen durch Tiere oder Pflanzen, um ihren Feinden zu entkommen, weil die-

se sie mit Objekten ihrer Umgebung, oder auf denen sie sich befinden, verwechseln. Diese Nachahmung von Formen und Färbungen wird daher von schwachen Lebewesen eingesetzt, die sich den Anschein eines starken Lebewesens geben oder sich auf irgendeine Weise tarnen, um so Rettung, Sicherheit oder irgendeinen anderen Vorteil zu erlangen. Durch die Mimikry läuft das grasartige, sehr sukkulente einzige Laubblatt der Titanwurz nicht Gefahr, von pflanzenfressenden Tieren zerstört zu werden, da diese es durch seine Ähnlichkeit mit harten Baumstämmen nicht bemerken und, so wie ich, getäuscht werden. Das Blatt wendet so die Gefahr ab, in seiner aktiven Vegetationsphase zerstört zu werden, dann also, wenn es für das Wachstum der Knolle unerlässlich ist. Andere *Amorphophallus*-Arten besitzen einen Blattstiel und manchmal auch eine Blüte, die gefleckt sind wie Schlangenhaut. Auch hier will es mir scheinen, dass ein Schutzmechanismus vorliegt oder ein Fall von Mimikry, da beinah alle Tiere vor Schlangen flüchten. Von der äußeren Erscheinung getäuscht, wird ein äsendes Tier sich einer Pflanze, die es für ein gefürchtetes Tier hält, nicht einmal zu nähern wagen.

Beccari liefert hier also eine überraschend moderne Definition der Mimikry: Er bringt sie mit Täuschung und Tarnung in Zusammenhang und zeigt vor allem, dass sie auch bei Pflanzen vorkommt. Bis dahin hatten die Gelehrten die Mimikry fast ausnahmslos für ein Phänomen des Tierreichs gehalten.

In demselben Aufsatz über die Blüte von *Amorphophallus titanum*, zweifellos einer der interessantesten und modernsten Texte der italienischen Botanik jener Jahre, taucht zudem noch ein weiterer wunderbarer und für jene Zeit beinah unglaublicher Gedankengang Beccaris auf. Beccari vermutet nämlich schon 1889 eine der wichtigsten Eigenheiten der natürlichen Zuchtwahl, eine Besonderheit der Evolution, die bis heute heftig diskutiert wird: die soge-

Odoardo Beccari auf einem Foto von 1910

nannte »konvergente Evolution«. Worum geht es? Lassen wir Beccari selbst zu Wort kommen. Er schreibt über die Befruchtung der Titanwurz:

Zu den Aspekten von *Amorphophallus titanum*, die es wert sind, von dem Naturkundler erforscht zu werden, gehören, wie ich meine, vor allem die besondere Färbung des Hochblatts und des Blattstiels. Die Botaniker kennen natürlich die Korrelation zwischen blutroter Farbe, Aasgeruch und dem Vorhandensein von Fliegen und anderen fleischfressenden Insekten zum Zeitpunkt der Befruchtung sowohl am Hochblatt unserer Titanwurz und anderen Ahornstabgewächsen wie der Blüte von Rafflesien, an verschiedenen Osterluzeigewächsen *(Aristolochiaceae)*, Seidenpflanzengewächsen *(Asclepiadee)*, an *Blubophyllum Beccarii* bei den Orchideen und Dreilappigem Papau *(Asimina triloba)* bei den Annonengewächsen *(Anonaceae)* und anderen. Niemand bezweifelt, dass diese, verwesendem Fleisch so ähnliche Färbung, zumal mit ihrem Geruch, eine für die Pflanze vorteilhafte Eigenschaft ist. Man weiß, dass durch diesen Kunstgriff Insekten angezogen werden, die den Pollen sowohl von einer Pflanze auf die Narben einer anderen bringen und somit eine Kreuzbefruchtung ermöglichen als auch die Selbstbefruchtung in ein und derselben Blüte erleichtern.

In Zeiten der großen Kontroverse um die Entstehung der verschiedenen Arten und die Gründe, die zu ihrer Ausprägung geführt haben, wird man sich natürlich sofort fragen, wieso Blüten aus so unterschiedlichen Familien den Geruch und die Färbung von verwesendem Fleisch so perfekt annehmen konnten, dass der Instinkt von Fliegen getäuscht wird. Schon weil sich diese wie andere Insekten nicht auf den Blüten der genannten Pflanzen niederlassen würden, wenn sie sie nicht mit einem toten Tier verwechseln würden.

Beccari erkennt also, dass in der Evolutionstheorie etwas nicht zusammenpasst, wenn genetisch so weit entfernte Linien dieselben biologischen Merkmale aufweisen. Ohne die Kontroverse hier vertiefen zu wollen, bestätigt sie doch noch einmal Beccaris Scharfsinn als Wissenschaftler. Er war nicht nur der unbeirrbare Forschungsreisende, dem der bekannte Abenteuerschriftsteller Emilio Salgari[6] viele seiner Informationen über Borneo, Malaysia, Mompracem, Sir James Brooke oder den weißen Raja verdankt. Odoardo Beccari war in erster Linie ein exzellenter Theoretiker der botanischen Forschung und mit verblüffenden Einsichten seiner Zeit weit voraus.

Gregor Johann Mendel (1822–1884)

Gregor Johann Mendel: der Abt, der die Genetik begründete

WINTER 1865 IM MÄHRISCHEN BRNO oder Brünn, einem abgelegenen Flecken der österreichisch-ungarischen Monarchie. Trotz verschneiter Straßen eilt eine Gruppe Männer durch die klare, kalte Februarnacht in Richtung örtliches Gymnasium, wo die Jahresversammlung des Naturforschenden Vereins Brünn anberaumt ist. Dem Titel nach zu urteilen, verspricht die Veranstaltung, hochinteressant zu werden. Die Männer sind allesamt renommierte Wissenschaftler, einige sogar Berühmtheiten, und kommen von den bedeutendsten Universitäten der Monarchie. Während ihres kurzen Aufenthalts werden sie sich über ihre aktuellen Forschungen austauschen und den neuesten Tratsch kolportieren, vor allem aber wollen sie wissen, was ihnen der seltsame Augustinermönch, der am Gymnasium unterrichtet und sie eingeladen hat, so Wichtiges mitzuteilen hat.

Derweil geht in der weiträumigen, schönen Aula der Schule ein stämmiger, nicht allzu groß gewachsener Mann in Soutane, mit hoher Stirn und durchdringend blauen Augen, ein letztes Mal den Vortrag durch, den er gleich halten wird und der ihn solche Mühe gekostet hat. Der Mann ist Pater Gregor Mendel aus der alten Augustinerabtei in Brünn und Naturkundelehrer am Ort. Sein Redemanuskript mit dem Titel *Versuche über Pflanzenhybriden* fasst die Ergebnisse seiner Kreuzungsversuche mit Erbsen zusammen, die ihn die letzten neun Jahre in Anspruch genommen haben.

Johann Mendel kommt am 20. Juli 1822 im schlesischen Hein-

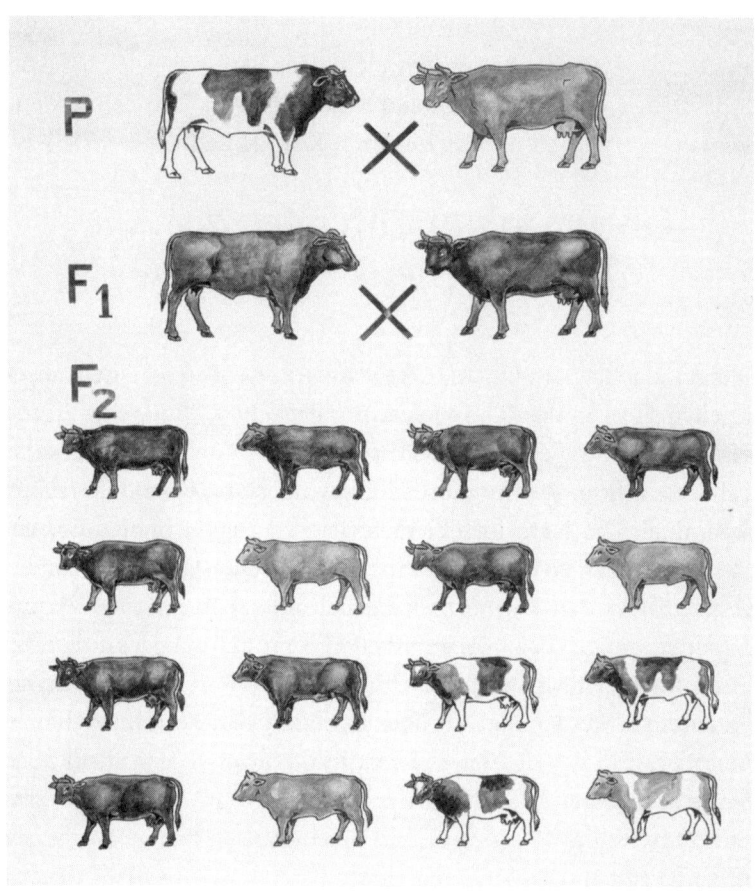

*Eine deutsche Schultafel, die die Mendelschen Vererbungsregeln anhand von
Rinderrassen illustriert*

zendorf zur Welt, in einer ländlichen Region der Donaumonarchie
(heute Tschechische Republik), in der Deutsche, Polen und Mährer
seit Jahrhunderten einträchtig zusammenleben und ihre Äcker be-
stellen. Seine Eltern Anton und Rosine Mendel sind deutschspra-
chige Bauern. Er hat zwei Schwestern, die zwei Jahre ältere Veroni-
ka und die fünf Jahre jüngere Theresia.

Johann hilft seinem Vater bei der Arbeit im Garten hinter dem

Haus, wo Anton Mendel neue Obstsorten zieht und Bienen hält, und kommt so mit der Pflanzenwelt in enge Berührung. Zudem hat er das Glück, von einem aufgeklärten Lehrer unterrichtet zu werden. Tomas Makitta lehrt seine Schüler die Grundbegriffe der Naturwissenschaften und nicht nur den praktischen Nutzpflanzenanbau. In dieser abgeschiedenen, doch einigermaßen wohlhabenden Welt scheint Johann Mendel dazu bestimmt, den Hof des Vaters zu übernehmen. Doch sein großes wissenschaftliches Interesse und mehrere Schicksalsschläge sollten seinem Leben eine andere Wendung geben.

Dank der Empfehlung seines Lehrers Makitta, der in dem jungen Mendel früh den Wissenschaftler erkennt, kann er an die Oberschule in Leipnik und später in Opava gehen. Einige Jahre lang scheint alles bestens, doch dann fehlt der Familie nach mehreren Missernten das Geld, um Johanns Ausbildung weiter zu bezahlen. Und ein Unglück kommt bekanntlich selten allein: 1838 verunglückt Anton Mendel bei der Waldarbeit so schwer, dass er nicht mehr voll arbeitsfähig ist. Johann Mendel verfällt in schwere Depressionen – die ihn auch später wiederholt heimsuchen sollten – und ist mehr als ein Jahr unfähig, zu studieren oder zu arbeiten. Doch dank seiner Schwester Theresia, die auf ihre Mitgift verzichtet, kann er schließlich im Oktober 1843, mit einundzwanzig Jahren, ins Augustinerkloster Brünn eintreten, wo er den Namen Gregor annimmt.

Mit dem Eintritt ins Augustinerkloster nimmt Mendels Leben eine entscheidende Wende, vor allem, so schreibt er in seiner Autobiografie, weil er sich nicht mehr um seinen Lebensunterhalt kümmern muss und sich verstärkt seinen Neigungen widmen kann: den Gesetzmäßigkeiten der Vererbung und der Fürsorge für seine Nächsten. Beides hängt, wie Mendel schnell erkennt, enger zusammen, als man vielleicht meint. Denn wer die Vererbungsregeln kennt, könnte die Lebensverhältnisse von mehr Menschen verbessern, als er je zu träumen wagte. Mendel setzt sein Studium fort:

Illustration von Pisum sativum, *der von Mendel erforschten Pflanze*
(von Otto Wilhelm Thomé 1885)

1848 schließt er sein Theologiestudium ab, und 1851 wird sein größter Traum endlich wahr. Abt Napp ermöglicht ihm, die naturwissenschaftlichen Vorlesungen an der Universität Wien zu besuchen, und stellt seinen Unterhalt in der Hauptstadt sicher. Johann Mendel studiert bei dem berühmten Physiker Christian Doppler unter anderem die Grundlagen der Analysis, die für seine späteren Forschungen von großer Bedeutung sein sollten.

Im Jahr 1853 kehrt er schließlich nach Brünn zurück und wird Naturkundelehrer am örtlichen Gymnasium. Es sind für Mendel glückliche Jahre. In dem kleinen Klostergarten und in einem später speziell für seine Versuche erbauten Gewächshaus kann er seine Forschungen zur Merkmalsvererbung weiterverfolgen.

Für seine Forschungen wählt Mendel die gewöhnliche Gartenerbse, weil sie autogam – selbstbefruchtend – ist und stabile Merkmale besitzt. In sieben Versuchsjahren baut er achtundzwanzigtausend Pflanzen an und wertet die gesammelten Daten in zwei weiteren Jahren aus. Er erkennt so drei allgemeine Gesetze, die berühmten Mendel'schen Regeln: erstens die Uniformitätsregel für die erste mischerbige Tochtergeneration; zweitens die Spaltungsregel für die zweite autogene Tochtergeneration und drittens die Unabhängigkeitsregel oder die Regel von der Neukombination der Merkmale.

Auf der Versammlung von 1865 berichtet Mendel seinen Zuhörern von seinen Versuchen und Beobachtungen. Viele Anwesende stehen dem sympathischen Mönch persönlich nahe oder schätzen seine Ansichten als Wissenschaftler, etwa zur regelmäßigen Aufzeichnung meteorologischer Daten oder zur Bienenhaltung. Doch was er nun erzählt, hat offenbar weder Hand noch Fuß. Staunend lauschen die Zuhörer Mendels Bericht über feststehende Zahlenverhältnisse bei Hybriden. Man schaut sich entgeistert an: Was soll die Mathematik dabei? Seit wann braucht man zur Beschreibung von Pflanzenkreuzungen so komplizierte Dinge? Eigentlich will Mendel die theoretischen Grundlagen seiner Versuche auf der

Augustinermönche in der Abtei St. Thomas in Brünn (1862).
Mendel (stehend, Zweiter von rechts) beobachtet ein Ästchen.

nächsten Monatsversammlung erläutern. Doch es kommt anders als gedacht. Sein Publikum kann seinen präzisen mathematischen Erläuterungen nicht folgen, und niemand erkennt die Tragweite seiner Ausführungen. Wie uns das Versammlungsprotokoll verrät, gab es im Anschluss an Mendels Vortrag keine einzige Frage und keine Diskussion. Ein untrügliches Zeichen für vollkommenes Desinteresse, wie jeder Redner weiß. Keiner der Anwesenden wollte etwas dazu sagen. Keiner hielt die Rede des Naturkundelehrers einer Bemerkung für würdig, und die sonderbare Versammlung und der freundliche Mönch mit seinem Vererbungs-Spleen gerieten schon bald in Vergessenheit.

Mendel ist enttäuscht, aber nicht entmutigt. Er weiß, dass er eine bahnbrechende Entdeckung gemacht hat. »Meine Zeit wird kommen«, sagt er später zu seinem Freund Gustav Niessl.

Derweil druckt man die *Versuche über Pflanzenhybriden* 1866 für die Vereinsunterlagen, und nach Erscheinen übersendet Mendel umgehend ein Exemplar an einen der wichtigsten Biologen und Botaniker seiner Zeit: an Carl Nägeli von der Universität München. Doch der versteht nur Bahnhof. Obwohl Mendel in zahllosen Briefen versucht, dem berühmten Akademiker die Bedeutung seiner Ergebnisse nahezubringen, begreift dieser Mendels Ausführungen nicht. Nägeli zitiert Mendel in seinen vielen Büchern und Artikeln über die Vererbung kein einziges Mal und macht sich damit auf besondere Weise unsterblich. Der Name Mendel und seine Forschungen fallen bald vollkommen dem Vergessen anheim. Als Mendel 1884 an einer Nierenentzündung stirbt, wird er, wie es sich für den Abt der weltweit einzigen Augustinerabtei gehört, mit allen erdenklichen Ehren zu Grabe getragen. Das *Requiem*, geschrieben von einem Mitbruder, wird von Leoš Janáček dirigiert. Die Kirche ist bis auf den letzten Platz gefüllt: mit Menschen, die Mendel kannten und liebten, Hunderten Armen, denen er half, mit seinen zahllosen Naturkundeschülern und seinen Mitbrüdern. Die einen trauern um einen Freund, um einen Unterstützer, die anderen um einen wichtigen Würdenträger der katholischen Kirche, doch niemand um den Vater der Genetik, wie man ihn Jahrzehnte später nennen wird, um einen der größten Wissenschaftler aller Zeiten und den genialen

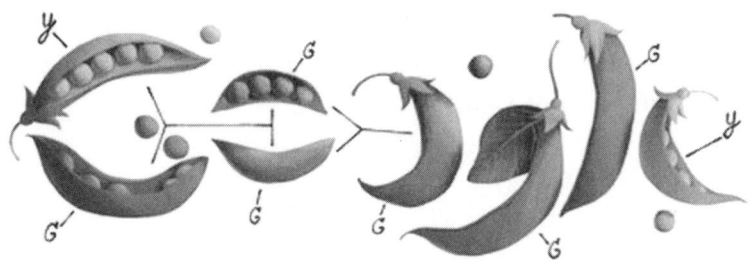

Google-Homepage vom 20. Juli 2011: Gedenklogo aus Erbsenhülsen und Erbsensamen zum 189. Geburtstag von Gregor Johann Mendel

Denker, dessen einzigartige Forschungsarbeit bis heute reichlich Früchte trägt und von der die Menschheit in Zukunft noch stärker profitieren wird.

Die Bedeutung von Mendels Forschung sollte übrigens erst im Jahr 1900 erkannt werden, als die Botaniker Hugo de Vries, Carl Correns und Erich Tschermak seine Arbeiten unabhängig voneinander »wiederentdeckten« und in ihren Veröffentlichungen darauf verwiesen.

März 2013, im britischen Oxford. In der weitläufigen University Hall wimmelt es von Journalisten. Vertreter der wichtigsten Medien und Fachleute aus zahlreichen Ländern warten auf den Beginn der Pressekonferenz, zu der die Universität geladen hat. Auf dem Podium sitzen der Direktor und die Koordinatoren eines Projekts, an dem Tausende Wissenschaftler des *Wellcome Trust Centre for Human Genetics* der Universität teilnahmen. Sie sind genauso aufgeregt wie hundertfünfzig Jahre vor ihnen Pater Gregor Johann Mendel, als er in einer Brünner Schule über Erbsenversuche berichtete – und damit letztendlich die Grundlagen für ihre Forschungsarbeit legte. Es geht um eine historische Wende in der Krebstherapie. Dank neuer DNA-Sequenzierungstechniken wird das britische Gesundheitswesen erstmals einen Mehrfachgentest anbieten können, der Mutationen von sechsundvierzig Genen in Krebszellen nachweist und so die individuelle Behandlung jedes Patienten ermöglicht.

Eine Therapie zur Heilung von Krebs ist damit in nächste Nähe gerückt. Dank der Forscher aus Oxford und dank der Forschungen eines Abtes namens Mendel.

Johann Wolfgang von Goethe (1749–1832)

Johann Wolfgang von Goethe, der letzte Universalgelehrte

WISSENSCHAFT UND POESIE gelten im Allgemeinen als noble, aber diametral entgegengesetzte Bereiche des menschlichen Geistes. Wenn die objektive, analytische und quantitative Wissenschaft ihre Identität nicht nachhaltig beschädigen will, darf sie sich keinen Ausflug in die freie dichterische Schöpfung erlauben.

Allerdings ist die Sache nicht ganz so einfach, wie es auf den ersten Blick scheint, und vor allem gilt die strenge Trennung offenbar nicht in beide Richtungen. Während nämlich die Wissenschaftler teils auch Dichter sein müssen, da sie sich nur durch kreative Fähigkeiten den Schöpfungsakt (*poietica*) der Natur vor Augen führen können, gelten die Dichter meist als völlig ungeeignet für die Wissenschaft, da sie die Welt mit ganz eigenen, subjektiven Augen sähen. So kann der berühmte Physiker Werner Heisenberg zwar erklären, jeder wirklich große Wissenschaftler sei auch Poet, doch spätestens seit der Aufklärung hält man einen Dichter, der sich an die Wissenschaft wagt, für einen Dilettanten, der nur seine Zeit vergeudet, und er wird von der akademischen Wissenschaft geflissentlich ignoriert. Doch es gibt mindestens einen Dichter – und was für einen –, der die Naturwissenschaft entscheidend beeinflusst hat und dieses Vorurteil geradezu ad absurdum führt: Johann Wolfgang von Goethe.

Anfang des 19. Jahrhunderts nennt Goethe (28. August 1749 in Frankfurt am Main – 22. März 1832 in Weimar) sich bescheiden einen Mann mittleren Alters, der ein gewisses Ansehen als Dichter

genieße – wohlgemerkt ist er da schon der berühmteste lebende
Dichter seiner Zeit. Doch im Jahr 1831 ist er mit der Neufassung ei-
ner Abhandlung von 1817 befasst, mit der *Geschichte meines bota-
nischen Studiums*, deren Grundthese alles andere als bescheiden ist.
Seine botanischen Studien hätten, so schreibt er, die Geschichte der
Wissenschaft verändert. Um welche Studien geht es, und wieso ist
Goethe von ihrer großen Bedeutung so felsenfest überzeugt?

   Seine Liebe zu den Wissenschaften hat Goethe schon früh entdeckt. Als er mit kaum fünfzehn Jahren in Leipzig und Straßburg
Rechtswissenschaften studiert, besucht er neben juristischen und
humanistischen auch zahlreiche naturwissenschaftliche Vorlesungen. Begeistert wohnt er Lehrveranstaltungen zu Anatomie, Physik,
Chemie, Geologie und natürlich zu seiner geliebten Botanik bei. Dabei setzt er sich auch mit mehreren grundlegenden Werken Linnés
auseinander – *Fundamenta botanica* (1736), *Philosophia botanica*
(1751) und *Termini botanici* von 1762 –, von denen er dermaßen beeindruckt ist, dass er später feststellt,»dass nach Shakespeare und
Spinoza auf mich die größte Wirkung von Linné ausgegangen [ist]«.

   Im Jahr 1786 bricht Goethe zu seiner ersten Italienreise auf, die
zwei Jahre dauern sollte. Auch hier hält ihn das Studium von Kunst
und Antike nicht davon ab, seiner Liebe zu den Pflanzen nachzuge-
hen. Er besichtigt die berühmtesten botanischen Gärten Italiens von
Padua bis Palermo und begibt sich dort auf die Suche nach der *Urpflanze*, aus der alle anderen Pflanzen hervorgegangen seien. Als er
im April 1787 durch den Botanischen Garten von Palermo spaziert,
hält er fest:»Die vielen Pflanzen, die ich sonst nur in Kübeln und
Töpfen, ja die größte Zeit des Jahres nur hinter Glasfenstern zu sehen gewohnt war, stehen hier froh und frisch unter freiem Himmel,
und indem sie ihre Bestimmung vollkommen erfüllen, werden sie
uns deutlicher.« Und er fragt sich:»Im Angesicht so vielerlei neuen
und erneuten Gebildes fiel mir die alte Grille wieder ein, ob ich nicht
unter dieser Schar die Urpflanze entdecken könnte. Eine solche
muß es doch geben! Woran würde ich sonst erkennen, daß dieses

Goethe in der römischen Campagna *von Johann H. W. Tischbein,*
Öl auf Leinwand 1787

oder jenes Gebilde eine Pflanze sei, wenn sie nicht alle nach einem
Muster gebildet wären?«[1]

Goethe sammelt zudem Pflanzenexemplare auf den Feldern. Eines Nachts, so berichtet er, sei er in seinem Pensionszimmer durch
ein Knistern erwacht: Einige Akanthus-Schoten, die er in einem of-
fenen Kästchen aufbewahrte, waren in der trockenen Zimmerluft
zur Reife gelangt, sprangen auf und schleuderten ihre Samen heraus.
Goethe lernt auf seiner italienischen Reise nicht nur große Kunst aus
der Nähe kennen, er kann, wie er schreibt, in dem warmen südlichen
Klima auch endlich mit bloßem Auge Pflanzen betrachten, die er zu
Hause unter dem Mikroskop nur vage erkennen konnte.

Nach seiner Rückkehr in die Heimat veröffentlicht Goethe 1790
seinen *Versuch die Metamorphose der Pflanzen zu erklären.* Doch
das Büchlein stößt bei der Wissenschaft auf wenig Interesse, einmal,
weil sich die Wissenschaft damals gerade zur Angelegenheit von

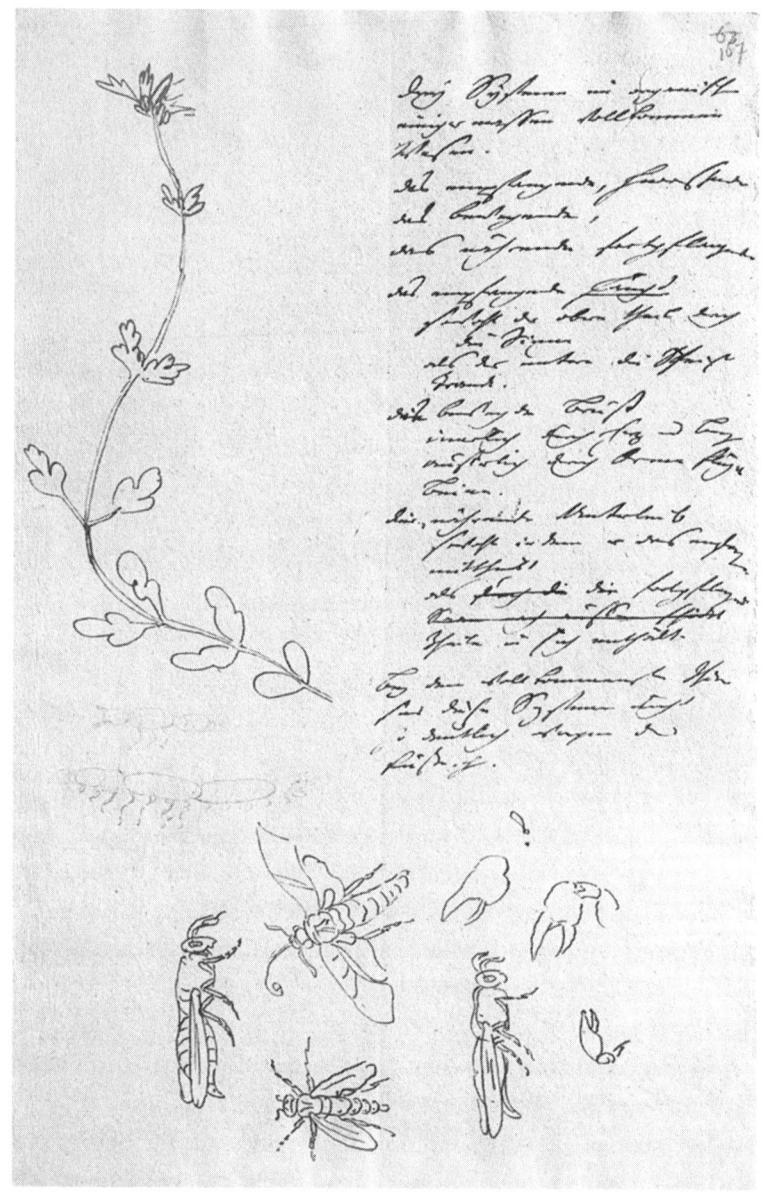

Goethes Notizen zu seinen morphologischen Studien (1817)

Spezialisten entwickelt und es dem Autor an akademischer Reputation fehlt, und außerdem, weil die meisten es für wissenschaftlich völlig irrelevant halten. Doch dafür gibt es keinen Grund. Das Werk ist weder rhetorisch noch literarisch, im Gegenteil, es ist in einem einfachen, geradlinigen Stil und dem neutralen Ton eines wissenschaftlichen Beobachters geschrieben, wie er in den botanischen Studien jener Zeit noch überaus selten ist.

Die Prinzipien, die Goethe in der *Metamorphose der Pflanzen* beschreibt, machen das Werk zu einem Meilenstein der Botanik. Goethe legt darin dar, dass eine Pflanze aus verschiedenen anatomischen Elementen bestehe, die sich auf ein Urorgan zurückführen ließen, das durch schrittweise Verwandlungen, die Metamorphosen, die verschiedenen Pflanzenteile hervorbringe. Goethe schreibt:

> Daß eine Pflanze, ja ein Baum, die uns doch als Individuum erscheinen, aus lauter Einzelheiten bestehn, die sich untereinander und dem Ganzen gleich und ähnlich sind, daran ist wohl kein Zweifel. Wie viele Pflanzen werden durch Absenker fortgepflanzt.[2]

Laut Goethe lässt sich das Urorgan im Blatt ausmachen: *Alles ist Blatt*. Aus der Metamorphose des einzelnen Blatts würden Blütenblätter und Kelchblätter, Staubblatt und Fruchtknoten, Zweige und alle anderen Pflanzenteile entstehen. Goethe macht hier intuitiv eine geniale Entdeckung, die im darauffolgenden Jahrhundert mehrfach bestätigt werden sollte und auf die sich mehrere Bereiche der Botanik immer wieder berufen sollten.

Jede Erscheinung des Lebens, so Goethe, solle man darum so lange erforschen, bis der Blick des Experten eine Grundform erkenne, aus der sich mittels Verwandlung der Organismus als Ganzes entwickle. Es geht dabei nicht um philosophische Spekulation, wie manchmal behauptet wurde, sondern um eine wissenschaftliche Methode des anatomischen Vergleichs, der Goethe den glücklichen

Namen *Morphologie* gibt. Diese, so Goethe, sei eng mit der künstlerischen Erfahrung verbunden, denn man könne nur dann wirklich von Morphologie sprechen, wenn der Forscher nach dem für die Kunst so typischen fruchtbaren Moment suche, in dem er den Gegenstand nicht mehr zerteilt oder zerlegt, sondern als Ganzes sieht:

> Man findet daher im Gange der Kunst, des Wissens und der Wissenschaft mehrere Versuche, eine Lehre zu gründen und auszubilden, welche wir die Morphologie nennen möchten.[3]

Die Morphologie beinhalte die Erforschung der phänotypischen Eigenschaften von lebenden Organismen, also Pflanzen und Tieren, beschäftige sich mit deren Aufbau, ihren Grundbestandteilen und deren Beziehungen untereinander, und ermögliche so den Vergleich verschiedener Arten, da man nun die notwendigen Elemente zur Klassifizierung und Abstammungsgeschichte erkennen könne. Wie fruchtbar der morphologische Vergleich für die Weiterentwicklung des menschlichen Wissens ist, sollte sich auch gleich zeigen. Goethe macht durch morphologische Vergleiche drei bedeutsame wissenschaftliche Entdeckungen: Er erkennt das Blatt als Ursprung der Blütenorgane, Wirbelmetamorphosen als Ursprung des Schädels und entdeckt den Zwischenkieferknochen im menschlichen Schädel. Die entsprechende Knochennaht zwischen Eckzahn und zweitem Schneidezahn erhielt offiziell den Namen *sutura incisiva goethei*.

Durch Goethes gesamtes wissenschaftliches Werk zieht sich ein Grundgedanke: Es gibt einen einheitlichen Organisationsplan des Lebens, der alle Formen und Funktionen der Lebewesen als Variationen ein und derselben Grundform erklärt. Alle Lebewesen bestehen demnach aus derselben Grundsubstanz, dem Protoplasma, und setzen sich aus dem Basiselement des Lebens, den Zellen, zusammen, mit ein und demselben Zellaufbau und im Grunde identischen Zellfunktionen bei Pflanzen und Tieren. Wie der schottische

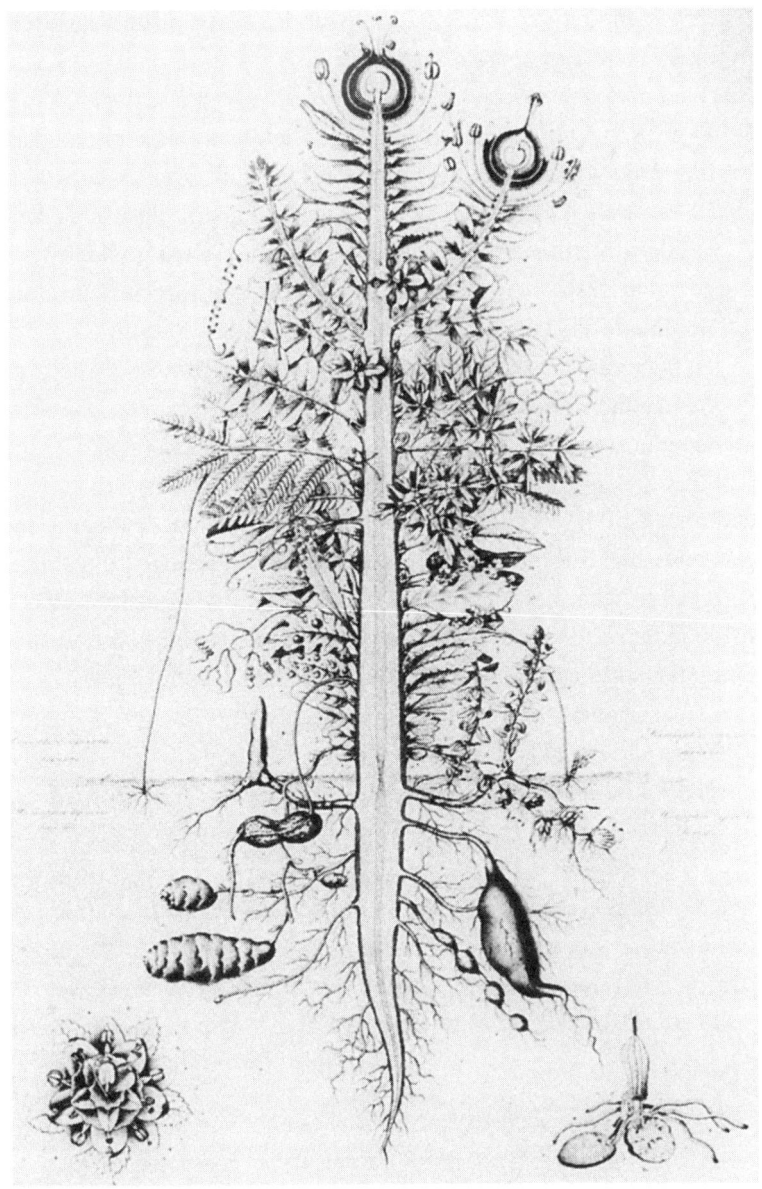

Darstellung der Urpflanze in einem Holzschnitt von
Pierre Jean François Turpin

Naturwissenschaftler D'Arcy Thompson in seinem grundlegenden
Werk *Über Wachstum und Form* schreibt:

> Der Biologe muss wie der Philosoph endlich anerkennen, dass
> das Ganze mehr ist als die Summe seiner Teile. Der Organismus
> ist wesentlich mehr als das. Er ist keine Anhäufung von Teilen,
> sondern organisiert seine Teile durch wechselseitige Beziehun-
> gen und verbindet sie durch das, was Aristoteles das einzelne,
> unteilbare Prinzip der Einheit nannte. Dieses Prinzip ist nicht
> einfach eine metaphysische Idee: In der Biologie ist es die fun-
> damentale Wahrheit, die dem Kompensationsgesetz (...) von
> Goethe zugrunde liegt.

Man hat Goethe wegen seines großen Interesses für Verwandlungen oder Metamorphosen, die aus einem Grundmodell unzählige
Veränderungen hervorbringen, auch als Evolutionstheoretiker
avant la lettre bezeichnet. Als eine Art Propheten der Evolution, der
Darwin ebenbürtig sei – was wiederum Nietzsche entrüstete:

> Darwin neben Goethe setzen
> Heißt: die Majestät verletzen –
> majestatem Genii![4]

Jedenfalls hat Goethe der Botanik und anderen Wissenschaften ein
beeindruckendes Erbe hinterlassen, sodass wir George Eliot nur zu-
stimmen können, die sagte, Goethe sei der letzte Universalgelehrte
gewesen, der auf Erden wandelte.

Jean-Jacques Rousseau (1712–1778)

Der Literat und Philosoph Jean-Jacques Rousseau

VOR UNGEFÄHR DREIHUNDERT JAHREN, am 28. Juni 1712, kam in Genf Jean-Jacques Rousseau zur Welt, einer der größten europäischen Denker des 18. Jahrhunderts. Seine politischen, gesellschaftlichen und philosophischen Werke beeinflussten die Anführer der Französischen Revolution ebenso wie die Generation der Romantik. Rousseaus Leben, von ruheloser Wanderschaft, Unglücksfällen, Streitigkeiten, komplizierten Liebschaften und Berufswechseln geprägt, scheint der Inbegriff dessen, was wir unter einem Künstlerleben verstehen. Seine Mutter Suzanne Bernard stirbt wenige Tage nach seiner Geburt am Kindbettfieber, und als sein Vater Isaac, ein bescheidener calvinistischer Uhrmacher, nach einer Rauferei aus Genf fliehen muss, vertraut er den Zehnjährigen seinem Schwager an, der das Kind in die Obhut des Pastors in Bossey gibt, wo es eine rudimentäre Schulbildung erhält.

Mit zwölf Jahren, 1724, kehrt Rousseau nach Genf zurück. Er wohnt bei seinem Onkel und geht erst bei einem Notar und dann bei einem Graveur in die Lehre. Als er dann 1728, er ist mittlerweile sechzehn, nach einem Spaziergang wieder einmal vor dem verschlossenen Stadttor steht, beschließt er, seine Geburtsstadt zu verlassen und auf Wanderschaft zu gehen. Er lebt zunächst in Annecy bei Madame Françoise-Louise de Warens, arbeitet von 1728 bis 1731 als Hausdiener bei dem Comte de Gouvon, kehrt dann nach Annecy zurück und begibt sich erneut auf Wanderschaft: nach Nyon, Freiburg, Lausanne, Vevey und schließlich nach Neuchâtel,

Ansicht des Place du Molard in Genf auf einem Aquarell von
Christian Gottfried Heinrich Geißler (1794)

wo er Musikunterricht erteilt. In Boudry schließt er sich einem falschen Archimandriten an, den er als Dolmetscher nach Fribourg,
Bern und Solothurn begleitet, ehe er merkt, dass er einem Betrüger
aufgesessen ist. Er arbeitet als Hauslehrer in Paris, geht nach Lyon
und lässt sich endlich in Chambéry nieder. Hier steht er erneut unter Madame de Warens' Schutz, wird ihr Liebhaber und arbeitet für
sie ab 1732 als Musiklehrer und Verwalter. Und dabei ist er noch
nicht einmal zwanzig Jahre alt!

In den folgenden vierzig Jahren sollte sich der Rhythmus seines
Lebens kaum ändern; er lebt im Grunde bis 1777 ein ruheloses Wan-
derleben. Dann lässt er sich als Gast seines treuen Freundes René-
Louis de Girardin in Ermenonville nieder, wo er am 2. Juli 1778 gegen elf Uhr morgens nach der Rückkehr von einem Spaziergang
stirbt, vermutlich an einem Schlaganfall.

Im Jahr 1760 interessiert sich Rousseau erstmals für Botanik. Als
er sich wieder einmal in der Schweiz, seinem Geburtsland, aufhält,

macht ihn der befreundete Botaniker Jean-Antoine d'Ivernois mit dem neuen Klassifikationssystem bekannt, das Linné erstmals 1735 in *Systema naturae* vorgestellt hatte. Und schon bald erforscht Rousseau begeistert Pflanzen, die von Expeditionen aus fernen Ländern mitgebracht wurden oder in Herbarien gesammelt und geordnet waren. Er begibt sich auch selber, häufig allein, auf wahre botanische Forschungsreisen in die Schweiz, nach England und Frankreich, legt Herbarien an und beschreibt detailliert Hunderte von Pflanzen. Die Botanik wird schließlich zu einer seiner liebsten Beschäftigungen, und 1765 schreibt er:

Ich bin ganz vernarrt in die Botanik, und das wird alle Tage schlimmer; ich habe bereits nichts weiter als Heu im Kopfe und werde eines schönen Morgens selber als Pflanze erwachen: ich fasse schon Wurzeln in Motiers.[1]

In den *Träumereien eines einsam Schweifenden*[2] sinniert er über die Freuden der botanischen Forschung:

Die Botanik ist das richtige Studium für einen müßigen und faulen Einzelgänger: eine Pinzette und eine Lupe, das ist die ganze Apparatur, die er für seine Beobachtungen braucht. Er spaziert, irrt ungebunden von einem Gegenstand zum anderen, widmet sich dem Anblick jeder einzelnen Blume voller Anteilnahme und Neubegier, und sobald er die Gesetze ihrer Struktur langsam zu ahnen beginnt, bereitet ihm die mühelose Beobachtung so lebhafte Freude, wie wenn sie mit viel Aufwand verbunden gewesen wäre. Diesem faulen Tun eignet ein Zauber, den man nur im Ruhen aller Leidenschaften fühlen kann; doch es genügt, um das Leben süß und selig zu machen.

Und von 1771 bis 1774 verfasst Rousseau ein wunderbares botanisches Lehrwerk in Briefform für Madelon Delessert, der Tochter ei-

ner Bekannten, Madeleine-Catherine Delessert. Madame Delessert
hatte eigentlich nur um eine Pflanzenaufstellung für ihre Tochter
gebeten, doch sie erhält von Rousseau: eine Einführung in die Pflanzenanatomie mit ausführlicher Beschreibung der Ähnlichkeiten
und Unterschiede zwischen sechs verbreiteten Pflanzenfamilien,
eine vollständige Anleitung zum Anlegen eines Herbariums und zudem ein wunderschönes Herbarium mit hundertachtundsechzig
Arten, das Rousseau eigens für Madelon anlegt.[3]

Die *Lehrbriefe für Madeleine*, 1784 postum veröffentlicht und in
zahlreiche Sprachen übersetzt, sind pure Literatur und zugleich das
erste populärwissenschaftliche Buch der Botanik. Rousseau beschreibt die Pflanzenfamilien darin in einer einfachen, allgemein
verständlichen Sprache, die ohne Fachbegriffe auskommt. Im folgenden Abschnitt erläutert er beispielsweise die Lippenblütler (*La-
miaceae*) und die Rachenblütler oder Braunwurzgewächse (*Scro-
phulariaceae*):

Unter den Verwachsen-Kronblättrigen gibt es auch solche, deren Blüten unregelmäßig sind, eine große Sippe mit ausgepräg-
ten Blumengesichtern; man hat ihnen den Namen »Blüten mit
Lippen« gegeben, weil der untere Teil gespalten ist und an zwei
Lippen erinnert. Unter dieser Sippe gibt es noch eine zweite Linie, nämlich jene Blüten, die eher einem aufgesperrten Rachen
gleichen, besonders dann, wenn man mit dem einen Finger einen leichten Druck ausübt. Deshalb hat man diese Sippe in zwei
Familien eingeteilt, die eine heißt *Lippen-Blütler*, die andere
Masken- oder *Rachenblütler* (Maske = lat. *persona* – ein sehr pas-
sender Name für die meisten Leute, die unter uns als wichtige
Personen gelten …!)
    Und hier die gemeinsamen Merkmale: verwachsenblättrige
Blütenkrone, wie schon gesagt, zwei gespaltene Lippen oder,
wenn Sie Maul-Klappen vorziehen, der obere Teil gleicht oft einem Helm, der untere einer Zunge. Nun, das Erstaunliche ist

wohl, dass alle vier Staubfäden haben, die paarweise auf gleicher Höhe stehen, das eine Paar aber etwas länger als das andere. Ich rate Ihnen, dies alles am Objekt nachzuprüfen, was besser als meine Beschreibungen ist.[4]

Oder im Abschnitt über die Doldenblütler (*Apiaceae*) heißt es:

Stellen Sie sich jetzt eine Pflanze vor mit ziemlich langem Stengel, der wechselweise mit meistens kleinen gefiederten Blättern geschmückt ist und aus deren Achseln Zweige wachsen. Am äußersten Ende des Stengels teilen sich wie aus der innersten Mitte eines Kreises mehrere Stielchen oder Strahlen, die sich regelmäßig und kugelförmig ausweiten, sowie die Stäbe eines mehr oder weniger geöffneten Sonnenschirms, der diesen Stengel krönt (…)

An jedem Strahl oder an jedem Stiel befindet sich zu äußerst nicht eine Blüte, sondern noch ein zweiter Strahlenkreis, allerdings kleiner, so dass der Sonnenschirm mit noch kleineren Sonnenschirmchen gekrönt wird.

Also, was sehen Sie? Zwei gleiche aufeinanderfolgende Anordnungen: den großstrahligen Schirm am Endes des Stengels, ähnliche, kleinstrahlige Schirmchen an jedem Ende des Strahls. Die kleinen »Sonnenschirmchen« teilen sich nicht mehr. An jedem Stielchen oder Strählchen befindet sich eine mehr oder weniger kleine Blüte. Gleich werden wir davon sprechen.

Wenn Sie sich die eben beschriebene Form und Anordnung der Blüten vorstellen, dann haben Sie die Familie der Doldengewächse oder der Umbelliferen vor Ihren Augen (das lateinische Wort *umbella* heißt Sonnenschirm).[5]

Verglichen mit den botanischen Abhandlungen seiner Zeitgenossen ist Rousseaus Sprache revolutionär, weil sie Pflanzen ohne Fachbegriffe und auf Anhieb verständlich beschreibt. Die *Lehrbriefe*

Illustration aus der Gesamtausgabe der Werke von Jean-Jacques Rousseau:
Der Philosoph erklärt einem Kind im Schlosspark von Ermenonville die
Grundlagen der Gartenpflege.

für Madeleine machen die Botanik erstmals einem breiten Publikum zugänglich, und auch berühmte Botaniker künftiger Generationen, etwa Goethe, sollten über dieses Werk mit der Botanik in Berührung kommen. Madame Delesserts Sohn Benjamin Delessert legt zudem unter dem Einfluss von Rousseaus Werk ein riesiges Herbarium an, bis heute der Grundstock des Botanischen Gartens in Genf.

Aber Rousseau beeinflusste nicht nur die Botanik, sondern auch so abgelegene Bereiche wie die Gartenkunst. Wenn Rousseau in *Julie oder die neue Héloïse* (1761) das *Elysium* beschreibt, lässt er vor unserem geistigen Auge einen Garten Eden entstehen. Dabei erkennt er allein die Prinzipien der englisch-chinesischen Gärten an, die mit seinen Vorstellungen übereinstimmen: Asymmetrie, geschwungene Linienführung und scheinbare Natürlichkeit. Man hat das *Elysium* oft als englischen Garten interpretiert, doch Rousseau hat seinen eigenen, naturnahen Stil entwickelt. Anstelle teurer Gartenlandschaften, architektonischer »Verrücktheiten« und Bodenveränderungen bevorzugt er eine einfach zu pflegende Gartenanlage voller einheimischer Pflanzen. So beschreibt er das *Elysium*:

> Wahr ist's, der Ort ist bezaubernd; aber auch wild und sich selbst überlassen; ich sehe da keine Spur menschlicher Arbeit. Sie haben die Türe verschlossen; das Wasser ist, ich weiß nicht wie, hereingeflossen; die Natur allein hat das übrige getan, und Sie selbst hätten es niemals so gut gemacht als sie. (…) und sah ich auch keine exotischen Gewächse und Pflanzen, wie sie in Indien wachsen, so fand ich doch die einheimischen so geordnet und vereint, daß sie eine heitere und angenehmere Wirkung hervorbrachten. (…) Man sah darunter tausend Feldblumen hervorschimmern, unter welchen das Auge mit Verwunderung Gartenblumen entdeckte, die mit den andern wild zu wachsen schienen. (…) An den offnern Stellen entdeckte ich hie und da, ohne Ordnung und ohne Symmetrie, Rosenbüsche, Himbeer-

sträucher, Johannisbeeren, Fliedergesträuch, Haselsträucher, Holunder, wilden Jasmin, Ginster, Klee.[6]

Das *Elysium* ist, anders als ein englischer Garten, nur schwer zugänglich, ein Zufluchtsort vor der Welt. Rousseaus Gartenvorstellungen haben ihren Schöpfer überlebt. Nicht nur die Beschreibung des *Elysiums* in *Julie oder die neue Héloïse* haben sie unsterblich gemacht, sondern auch ihre praktische Umsetzung im Park von Ermenonville, wo Rousseau im Juli 1778 begraben wurde. Die Île des Peupliers, auf der sich Rousseaus Grab befindet, ist genauso schwer zugänglich – eben eine Insel – wie die Ideallandschaft, die Rousseau in vielen seiner Werke beschrieben hat, von *Julie* bis zu den *Träumereien*.

Der Marquis de Girardin, der den Park nach den Vorstellungen seines vertrauten Freundes Rousseau gestalten ließ, hat außerdem das Werk *De la composition des paysages* (1777) verfasst, in dem er sich gegen die französischen und englischen Gärten wendet und dem Einheimischen und Bäuerlichen gegenüber allem Exotischen den Vorzug gibt.

Was hätte Rousseau wohl gesagt, wenn er gewusst hätte, dass man seine sterblichen Überreste sechzehn Jahre nach seinem Tod ins Pariser Panthéon überführen würde?

In seinen letzten Lebensjahren hatte sich Rousseau auf der Flucht vor seinen Widersachern, allen voran Voltaire, der heute nur wenige Meter von ihm entfernt begraben liegt, immer mehr in sein Arbeitszimmer und die Naturbetrachtung zurückgezogen. Die Beobachtung der Pflanzenwelt tröstete ihn über die Einsamkeit hinweg. In der Natur beruhigten sich seine Gefühle und Gedanken, und er fand zur Heiterkeit zurück. Seine Worte über die schmerzstillende Wirkung der Natur auf die Seele scheinen moderne Ansätze der Gartentherapie vorwegzunehmen: Rousseau hegt für Pflanzen Gefühle wie für Freunde und kritisiert alle, die in ihrem Nützlichkeitsdenken Pflanzen nur als Nahrungsmittel sehen. Er kritisiert die Apotheker, die Pflanzen allein als Arzneimittelreservoir betrachten, und die Botanikprofessoren, die Pflanzen nur erforschen, um mit ihren Kenntnissen zu prahlen, ohne jemals die außergewöhnlichen Fähigkeiten der Pflanzen schätzen zu lernen. Alles Menschen, so Rousseau, die keine wahren Pflanzenliebhaber sind.

Charles Harrison Blackley (1820–1900)

ZWÖLFTES KAPITEL

DIE ENTDECKUNG DES HEUSCHNUPFENS

Charles Harrison Blackley, der Mann mit dem Roggen unterm Hut

JEDER VON UNS IST WOHL SCHON EINMAL mit Heuschnupfen in Berührung gekommen, entweder selbst oder weil er einen Heuschnupfengeplagten kennt. Die Zahlen lassen daran keinen Zweifel: Zwei bis fünfzehn Prozent der Weltbevölkerung leiden an Heuschnupfen. Trotzdem waren die Gründe für das weitverbreitete Krankheitsbild – triefende oder verstopfte Nase, Niesen, Asthma oder Druck auf der Brust – der Menschheit jahrhundertelang ein Rätsel. Hitze, Kälte, nervöser Charakter, Staub, Sonne, Feuchtigkeit, Ozon oder – noch fantastischer – soziale Klasse und Erziehung wurden als Auslöser verdächtigt, doch erst 1880 sollte die Ungewissheit enden: Der starrköpfige, exzentrische britische Homöopath Charles Harrison Blackley machte mit einer ungewöhnlichen Versuchsreihe endlich die Pollen als Übeltäter aus. Dies ist die Geschichte seiner Entdeckung.

Der erste bekannte Heuschnupfengeplagte sei, so heißt es, der Athener Hippias gewesen, jener Verräter, der die persische Flotte nach Marathon führte und in der sagenumwobenen Schlacht starb, aus der Athen schließlich als Sieger hervorging. Doch obwohl sich in vielen antiken Chroniken Anekdoten über Heuschnupfensymptome finden, lieferte erst Abū Bakr Muhammad ibn Zakarīyā al-Rāzī, in der römischen Welt Rhazes (aus Ray, 865–930) genannt, die erste gesicherte Krankheitsbeschreibung: mit dem vielsagenden Text *Über die Gründe, warum das Gesicht von Menschen zum Zeitpunkt der Rosenblüte anschwillt und es zu einem Katarrh kommt.*

Im Jahr 1818 beschreibt der berühmte Arzt William Heberden (1773–1845) dann einen chronischen Katarrh:»Mir sind vier oder fünf Personen begegnet, bei denen dieses Leiden jedes Jahr wieder im April, Mai, Juni oder Juli auftritt und dann für einen Monat mit heftigen Symptomen anhält.« Und die erste detaillierte Beschreibung des Heuschnupfens verfasst kurz darauf John Bostock (1773–1846). Er berichtet 1819 von einem zeitweise auftretenden Leiden, das etwa bei ihm selbst Augen und Brust befalle, jedes Jahr Mitte Juni beginne und das man

im Allgemeinen, wenn auch nicht immer (...), auf verschiedene Auslöser zurückführen kann: heißes, feuchtes Wetter, starke Helligkeit, Staub und andere Substanzen, die mit den Augen in Kontakt kommen, sowie alle Umstände, die zu einer erhöhten Temperatur führen.

Im Jahr 1829 veröffentlicht Bostock dann weitere Informationen zu einem Krankheitsbild, das er »catarrhus aestivus« – Sommerkatarrh – nennt und das nur bei Personen der mittleren und oberen Gesellschaftsschicht,»mitunter von wirklich hohem Stand«, auftrete. Kurzum: Wer dieses Leiden heilen könne, dem erschließe sich eine zahlreiche, begüterte Klientel, die bereit sei, jeden Preis zu zahlen, wenn man sie nur von ihrem Leiden erlöse. Es geht also, ökonomisch gesehen, um viel. Und damit beginnt ein Wettlauf.

So wie Wissenschaftler heute in ihren Laboren um die Wette forschen, um als Erste den Auslöser einer neuen Infektionskrankheit zu entdecken, setzte in der Mitte des 19. Jahrhunderts ein wahrer Wettlauf um die Entdeckung der Heuschnupfenursache und eventueller Heilmittel ein. Und offenbar trieb der Wettlauf mitunter seltsame Blüten.

So nimmt 1869 ein Mediziner namens Helmholtz an, Heuschnupfen werde durch Bakterien hervorgerufen, die ganzjährig in Nasenhöhle und Nasennebenhöhlen aufträten, aber nur bei som-

" It tickled my nose like a straw, and made me sneeze violently."

In Gullivers Reisen *(1726) von Jonathan Swift bringen Zwerge den gefesselten Helden zum Niesen, indem sie die Spitze eines Spontons in sein linkes Nasenloch stecken.*

merlicher Wärme aktiv würden, und behauptet, er habe mit der Chininspritze ein wirksames Heilmittel gefunden, das auch zur Vorbeugung einsetzbar sei. Chinin war damals seit Kurzem als wirksames Mittel entdeckt worden, um sogenannte Infusorien abzutöten, Mikroorganismen, die sich in pflanzlichen Aufgüssen entwickeln und 1676 von Antoni von Leeuwenhoek erstmals in stehenden Gewässern entdeckt worden waren.

Und 1870 kommt ein gewisser Doktor Roberts mit einer noch besseren Idee. Wie er in einem knappen Aufsatz schreibt, habe er als Erster entdeckt, dass Heuschnupfen vor allem mit einer sehr kalten Nasenspitze einhergehe, und verlangt, dass seine Entdeckung ent-

sprechend gewürdigt werde. Kurzum: Ein jeder meint, etwas dazu
sagen zu können, den wissenschaftlichen Nachweis aber bleiben alle
schuldig.

Obwohl man erkennt, dass bei Heuschnupfen wohl eine gewisse
Überempfindlichkeit vorliegt, hat man nicht die geringste Vorstellung, worin diese genau bestehen könnte. Man vermutet, dass Ano-
malien der Nasenschleimhaut oder Probleme der Nervenenden
dafür verantwortlich seien. Auch fällt den Forschern auf, dass vermutlich Millionen von Menschen der ominösen Krankheitsursache
ausgesetzt sind, aber offenbar nur ein kleiner Prozentsatz Heuschnupfensymptome entwickelt. Und dass man die Krankheit, für
die es eigentlich keinen offensichtlichen Grund gibt, selten wieder
loswird, wenn man einmal daran leidet. Anscheinend nimmt die
Anfälligkeit dafür sogar mit jedem Sommer zu.

Die Anfälligkeit für Heuschnupfen scheint also von verschiedenen Faktoren abzuhängen: Rasse, Temperatur, Bildung und Ge-
schlecht. Die Rasse kommt ins Spiel, weil die ersten Studien zur
Heuschnupfenverbreitung angeblich belegen, dass nur Engländer
und Amerikaner daran leiden. Im europäischen Norden, in Norwe-
gen, Schweden und Dänemark, finden sich demnach keine Hinwei-
se auf die Erkrankung, ebenso wenig bei Franzosen, Deutschen,
Russen, Italienern und Spaniern. Und in Asien und Afrika leiden offenbar auch nur die dort lebenden Engländer an Heuschnupfen.
Aber als wichtigster Beweis für die Bedeutung der Rassenzugehö-
rigkeit gilt die Tatsache, dass in New York lebende Deutsche, Franzosen und Italiener offenbar keine Symptome entwickeln, obwohl
die Krankheit dort regelmäßig auftritt. Nach den ersten Studien sah
es also so aus, als ob Heuschnupfen allein eine Sache des angloame-
rikanischen Raums sei. Und folglich irgendwie mit dem Zivilisa-
tionsgrad zusammenhing. Diese Vorstellung wurde schnell so po-
pulär, dass Heuschnupfen bald als ein Merkmal galt, dessen man
sich rühmen konnte, etwa so wie es die Bluterkrankheit nur in Kö-
nigshäusern gab. Zudem wurde das Bild einer Elitekrankheit noch

dadurch beflügelt, dass scheinbar nur gebildete Personen bestimmter Schichten an Heuschnupfen litten und Städter dafür wesentlich anfälliger schienen als Dörfler.

Die verworrenen Ansichten zur Ätiologie und Entwicklung der Krankheit schienen sich also geradezu zu überschlagen, als Doktor Blackley auf den Plan trat, der Held unserer Geschichte.

Charles Harrison Blackley kommt am 5. April 1820 im englischen Bolton zur Welt und arbeitet schon in jungen Jahren als Drucker und Metallstecher. Doch seine Leidenschaft gilt anderem: Von klein auf fasziniert ihn die Natur mit ihren Geheimnissen. Blackley hat sich intensiv mit Botanik und Chemie beschäftigt und als Autodidakt mit der Mikroskopie vertraut gemacht; und so beschließt er 1855, mit fünfunddreißig Jahren, seine vielversprechende Karriere als Metallstecher zu beenden und sich wagemutig der Medizin zu widmen. Er studiert, und drei Jahre später ist er als Homöopath in Manchester tätig. Dort führt er schließlich über viele Jahre die Versuchsreihen durch, die 1873 in dem Werk *Experimentelle Forschung zu Ursachen und Natur von* catarrhus aestivus *(Heuschnupfen oder Heuasthma)* gipfeln sollten. In der zweiten Auflage von 1880 trägt das Buch den Titel *Heuschnupfen: Ursachen, Möglichkeiten der Behandlung und Vorbeugung.*

Schon häufiger wurde die Arbeit von Forschern mit der eines Detektivs verglichen, aber niemals war der Vergleich so treffend wie bei Charles Harrison Blackley. Er scheint geradewegs der Feder von Arthur Conan Doyle entsprungen: ein Sherlock Holmes der Medizin, praktisch etwas begabter als der Mieter der Baker Street, aber dafür um einiges exzentrischer. Und das will was heißen. Beginnen wir mit dem Äußeren: Die wenigen Fotos von Blackley zeigen einen Mann mit unstetem Blick, Halbglatze und großer Nase, mit gestutztem Kinnbart und ohne Oberlippenbart – eine Erscheinung irgendwo zwischen Lincoln und dem jungen Alexander Solschenizyn, wie sie im Lancashire der Mitte des 19. Jahrhunderts modern gewesen zu sein scheint.

Blackleys Einzigartigkeit liegt allerdings weniger in seinem Äußeren als vielmehr in seinem ebenso analytischen wie intuitiven
Denken: seiner wissenschaftlichen Neigung, die ihn zu den kreati-
ven Ideen führt, die nötig sind, um das Rätsel um den »Heuschnupfen« schließlich zu lösen.

Offensichtlich ist Blackley mit Sherlock Holmes der Ansicht:
»Wenn du das Unmögliche ausgeschlossen hast, dann ist das, was
übrig bleibt, die Wahrheit, wie unwahrscheinlich sie auch ist.« Es gelingt ihm so, nach und nach die zahlreichen bestehenden Vermu-
tungen auszuschließen. Sein Ausgangspunkt ist ein Werk von Phi-
lipp Phoebus (1804–1880), Professor für Medizin an der Universität
Gießen. Im Jahr 1858 hatte Phoebus unter seinen Kollegen eine
Umfrage gestartet, um sämtliche Informationen über mögliche
Heuschnupfenursachen, -symptome und -heilmethoden zusam-
menzutragen. Das Ergebnis, das er drei Jahre später veröffentlichte,
enthielt das gesammelte Wissen über die Krankheit.

Blackley geht mit Methode und Geduld vor. Wie ein geschickter
Ermittler schließt er Schritt für Schritt alle Ursachen aus, die
schlechterdings unmöglich sind. Angefangen bei den einfachsten.

In der breiten Öffentlichkeit standen als mögliche Ursachen
Wärme und Licht hoch im Kurs. Die Volksweisheit hatte den Heuschnupfen von Anfang an mit unsichtbaren Gras- und Heuausdüns-
tungen in Verbindung gebracht, die durch Sonnenwärme verur-
sacht würden. Auch Phoebus schreibt die Krankheit der ersten
sommerlichen Wärme zu, weil diese eine wesentlich stärkere Wirkung habe als alle Grasausdünstungen zusammen. Doch Blackley
kann die Wärme schnell von der Liste der möglichen Ursachen
streichen. Denn angenommen, die Krankheit würde nur durch
Wärme ausgelöst: Warum, so fragt er sich, tritt sie dann nicht in den
Weltgegenden auf, in denen es viel heißer als in England ist? Und
vor allem: Warum gibt es dann auf den englischen Marineschiffen,
die in der Hitze der tropischen Meere unterwegs sind, keine Heu-
schnupfenfälle? In Amerika war die Krankheit zudem im Herbst

viel stärker verbreitet als im Sommer. Wärme allein konnte den Heuschnupfen also nicht erklären.

Dasselbe ließ sich zumindest teilweise für das Licht sagen, das der berüchtigte Phoebus als sicheren Krankheitsverursacher ausgemacht hatte. Auch hier deckte Blackley offensichtliche Widersprüche auf. Wie sollte man beispielsweise erklären, dass die Krankheit in den Weltregionen mit dem längsten Tageslicht, der sogenannten Mitternachtssonne, im Grunde unbekannt war? Und wieso galt eine Reise an die See dann als bestes Mittel für Heuschnupfengeplagte, wo die Sonne am Meer doch besonders grell schien? Das Licht musste aus den genannten Gründen ebenfalls von der Liste der Verdächtigen gestrichen werden.

Nachdem die unwahrscheinlichsten Verursacher einmal aussortiert sind, wendet Blackley sich den glaubwürdigeren Kandidaten zu wie Benzoesäure, Kumarin, diverse Gewürze, Ozon und Staub und testet ihre Wirkung am eigenen Körper. Er beginnt mit der Benzoesäure:

Ich lasse die Säure bei Zimmertemperatur verdampfen und atme die Dämpfe ein oder gebe eine wässrige oder Alkohollösung auf meine Nasenschleimhaut.

Blackley versiegelt einen Raum in der Wohnung, auch wenn er sich damit den Zorn seiner Gattin zuzieht, und bringt dort Benzoesäure zum Verdampfen. Er wartet zehn Stunden ab, betritt dann den Raum und atmet die Dämpfe über mehrere Stunden ein.

Dann wiederholt er den Versuch drei Mal zu jeweils anderen Jahreszeiten. Und um nichts unversucht zu lassen, tränkt er zusätzlich Leinenstreifchen mit verschiedenen Benzoesäurelösungen (wässrig, heiß, alkoholisch) und testet ihre Wirkung, indem er sie mindestens eine Stunde lang in das eine Nasenloch legt, während in dem anderen ein Kontrollstreifen ohne Säure steckt. Bei der alkoholischen Lösung spürt er zwar ein leichtes Brennen, aber nichts, was mit Heuschnupfensymptomen vergleichbar wäre. Doch nach ersten ermutigenden Versuchen mit Kumarin und anderen duftenden Pflanzenmaterialien wird Blackley wagemutiger.

Obwohl seine Ehefrau entschieden dagegen ist, dass er die Wohnung in ein Versuchslabor verwandelt, arbeitet er nun mit Tinkturen und öligen Essenzen, die das Haus in eine Duftwolke aus Kumarin, Kampfer, Paraffin, Pistazie, Minze, Wacholder, Rosmarin und Lavendel tauchen. Er postiert das Pflanzenmaterial in verschiedenen Zimmern, versiegelt diese, bis sich die Luft mit den Düften gesättigt hat, und atmet die Gerüche schließlich mehrere Stunden ein. Jeden Versuch wiederholt er mindestens vier Mal zu unterschiedlichen Jahreszeiten. Zudem führt er seine Selbstversuche auf verschiedene Weise durch: Er steckt sich getränkte Mulltüchlein in ein Nasenloch, spritzt sich das Gemisch in die Nasenhöhle oder streicht es sich als Salbe auf die Oberlippe.

Wann immer möglich, lässt Blackley auch Gäste an den Versuchen teilnehmen. Besonders seine jungen Kollegen müssen immer öfter als Versuchskaninchen herhalten. Was sie gerne tun, weil sie Blackleys sonderbares Verhalten nicht wirklich für gefährlich erachten. Womit sie natürlich irren – was bei einem Abendessen offenbar wurde, das Doktor Blackleys Ehe auf eine harte Probe stellen und nicht unerhebliche Folgen für sein soziales Leben haben sollte. Bei einem Aufenthalt an der See hatte Blackley große Mengen Kamille (*Matricaria camomilla*) gesammelt, die er im Esszimmer trocknen ließ:

Es waren beträchtliche Mengen der frischen Pflanze zusammengekommen, die ausgebreitet in unserem Esszimmer lagerten, damit wir den flüchtigen Wirkstoff ordentlich einatmen konnten. Als Hauptsymptome zeigten sich vor allem starke Schmerzen in der Stirn, aber auch Übelkeit, Schwindel und Schmerzen im Bauchbereich. Am zweiten Tag wurden die Symptome so heftig, dass ich die Pflanzen gerne wieder entfernte.

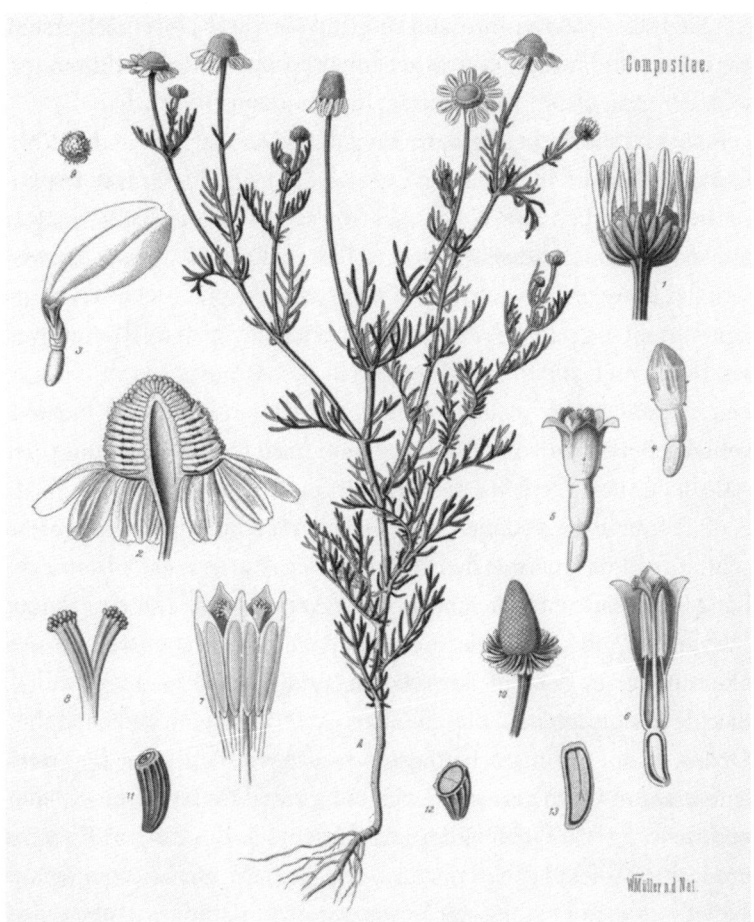

Echte Kamille mit inneren und äußeren Blütendetails und Blättern in
einem deutschen Buch vom Ende des 19. Jahrhunderts, das die aromatischen
Eigenschaften der Pflanze erläutert

Doch das schmerzhafte Ergebnis, auch was das eheliche Unverständnis betraf, schien alle Mühen wert: Trotz der starken und lästi-
gen Schmerzen »zeigte niemand von uns Heuschnupfensymptome«. Blackley konnte die möglichen Verursacher also weiter
eingrenzen.

Nachdem das Kapitel Kumarin und Gewürze endlich abgehakt
ist, kann sich Blackley einem vielversprechenderen Kandidaten zu-
wenden, dem Ozon. Vieles schien für das Ozon zu sprechen. Es war
gerade erst entdeckt worden: Im Jahr 1840 war dem Chemiker
Christian Friedrich Schönbein (1799–1868) von der Universität Basel bei Versuchen zur Wasserelektrolyse ein hartnäckiger Geruch
aufgefallen. Dank dessen gelang es ihm, ein neues Gas nachzuweisen, das er wegen des Geruchs »Ozon« taufte, von Griechisch *ozein*,
»riechen«. Und da derselbe Geruch bei gewittrigem Wetter auftrat,
entdeckte man zudem, dass das Gas in der Atmosphäre vorhanden
war. Schönbein selbst hatte seine Versuche unterbrechen müssen,
weil das Einatmen von Ozon zu »Schmerzen in der Brust, einer Art
Asthma und starkem Husten« geführt hatte.

Schönbein hegt daher den Verdacht, Krankheiten wie Heuschnupfen könnten mit dem Ozon in der Atmosphäre zusammen-
hängen. Er lädt darum verschiedene Ärzte nach Basel ein, um zu
überprüfen, ob die Heuschnupfenanfälle ihrer Patienten mit der
Ozonmenge in der Luft korrelieren, und kommt zu dem Schluss,
dass Heuschnupfenanfälle an Tagen mit außergewöhnlich hoher
Ozonkonzentration am häufigsten sind. Und damit war Blackleys
Interesse am Ozon geweckt. Doch erst einmal musste er ein System
zur Messung von Ozon in der Luft finden. Für das erst vor Kurzem
entdeckte Molekül gab es noch keine allgemein anerkannten Analysemethoden, doch ohne solche war gar nicht daran zu denken, den
Einfluss des Ozons auf den Heuschnupfen zu untersuchen.

Wie jeder gute Wissenschaftler ist Blackley besessen davon, pas-
sende, präzise Instrumente und Analysemethoden für seine Versuche zu finden. Wenn es keine gibt oder diese unzuverlässig sind, versucht er eben wie beim Ozon, die vorhandenen zu verbessern oder,
wie wir später beim Pollen sehen werden, neue zu entwickeln. Zum
Nachweis der Ozonmenge in der Luft verließ man sich damals auf
das sogenannte Schönbein-Papier: Kaliumjodid und Stärkekörner,
die man auf Filterpapier aufbrachte. Ozon lässt Jodid zu elementa-

rem Jod oxidieren, das wiederum mit der Stärke reagiert und das Reagenzpapier umso dunkelblauer färbt, je mehr Ozon in der Luft ist. Das System war also simpel und leicht anzuwenden. Um die Ozonmenge zu messen, reichte es, ein paar Schönbein-Papierstreifen in städtischen und anderen Bereichen für mehrere Stunden der Luft auszusetzen.

Doch Blackley stellte das System nicht zufrieden, weil die Ergebnisse nicht wiederholbar waren. Als er zur Überprüfung der Wiederholbarkeit mehrere Schönbein-Papierstreifen dicht nebeneinander aufhängt, sodass sie über längere Zeit mit derselben Luft in Berührung kommen, muss er verwundert feststellen, dass er für die einzelnen Streifen recht abweichende Ergebnisse erhält. Wie sollte er aber den Einfluss des Ozons messen, wenn er dessen Luftkonzentration nicht mit Sicherheit bestimmen konnte? Doch so schnell gibt Blackley nicht auf. Das Schönbein-Papier, das er für seinen Versuch verwendet, stammt von einem bekannten Hersteller in London; er misstraut dessen Papierqualität und stellt sein eigenes Papier her: mit besseren Ergebnissen, die aber immer noch weit von der gewünschten Genauigkeit entfernt sind.

Im Lauf seiner Versuche begreift er dann, dass das Problem die Stärkekörner sind. Sie müssen möglichst gleichmäßig auf dem Papier verteilt sein, und da liegt der Schwachpunkt: Die Stärke lässt sich kaum gleichmäßig aufbringen. Das Problem scheint unlösbar. Monatelang versucht Blackley auf unterschiedlichste Art und Weise, die Stärke besser auf dem Papier zu verteilen, aber stets mit unbefriedigendem Ergebnis. Eines Tages jedoch macht er im Urlaub einen Strandspaziergang und beobachtet verblüfft, wie gleichmäßig sich die Sandkörner an der Strandlinie verteilen, wenn sich das Wasser zurückzieht. Eine Erleuchtung. Postwendend begibt er sich nach Hause und baut sich einen einfachen Apparat, der die Stärkekörner mittels Wasser dünn und gleichmäßig auf dem Papier verteilt. Endlich kann er das Ozon erforschen! Die nächsten Monate verbringt er, mit dem richtigen Reagenzpapier bewaffnet, in verschiedenen

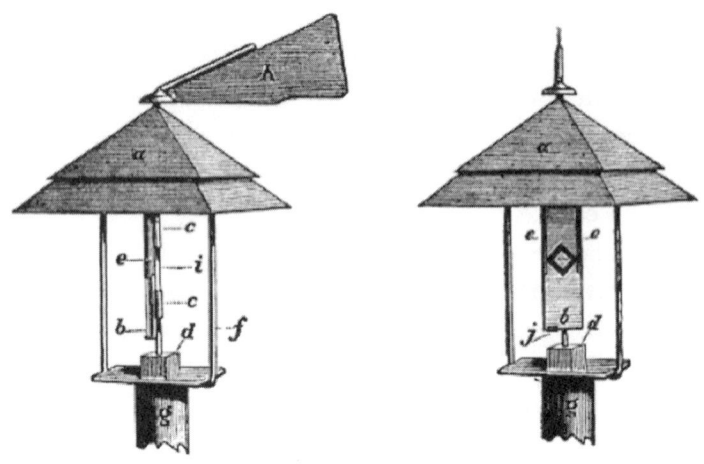

Instrumente, die Blackley zur Messung des Ozons in der Luft verwendete

Regionen Großbritanniens. Er misst die Ozonmenge in der Luft und vergleicht sie mit den Heuschnupfensymptomen, die er an sich und bei anderen feststellt. Er begibt sich ins Zentrum von Manchester, an den Stadtrand, in die weitere Umgebung und organisiert schließlich zu allen Jahreszeiten wahre Expeditionen in verschiedene Regionen und auf unterschiedliche Höhen.

Jeder einzelne Versuch nahm mindestens acht Stunden in Anspruch, in denen Blackley sich neben seinem Messstandort aufhielt, tief durchatmete und seine Reaktionen und was er sonst für bemerkenswert erachtete, aufzeichnete:

Ich muss wohl kaum darauf hinweisen, dass ich während des Versuchs anwesend sein musste, und häufig genug verbrachte ich Stunden auf einem Felsen oder am äußersten Rand der genannten Klippen.

Einfach unglaublich. Man stelle sich Doktor Blackley mit seinem Amish-Bart vor, wie er, mit Heften, Thermometer, Windmesser und wissenschaftlichem Gerät beladen, neben seinen im Wind flatternden Papieren auf dem unbequemen Gestein einer Klippe hockt, tief durchatmet und egal zu welcher Jahreszeit, ob im Winter oder bei Sturm, testet, welche Heuschnupfensymptome bei ihm auftreten.

Aber Blackley ist unzufrieden. Er kann das Ozon noch nicht definitiv von der Liste der möglichen Ursachen streichen. Darum stellt er zu Hause, seine Frau hat sich inzwischen mit ihrem Schicksal abgefunden, auf chemischem Wege Ozon her und atmet es in Konzentrationen ein, die weit höher sind als normalerweise in der Luft.

Und dann der Geniestreich: Blackley gibt Heuschnupfengeplagten, die sich auf eine Schiffsreise nach Australien begeben, alles mit, was sie für die tägliche Ozonmessung auf hoher See brauchen, zusammen mit einem Fragebogen, in den auftretende Heuschnupfensymptome einzutragen sind. Zwölf Stunden lang, von zehn Uhr abends bis zehn Uhr morgens, sollen die Papierstreifen am Platz bleiben und Blackley dann nach der Rückkehr zur Analyse übergeben werden. Als er nach monatelangem Bangen und Hoffen endlich die Ergebnisse seines Versuchs in der Hand hält, kann er das Ozon ebenfalls ad acta legen. Obwohl die Ozonkonzentration auf dem Ozean über Monate hoch war, zeigte keiner der Patienten auch nur die geringsten Heuschnupfenanzeichen. Das Ozon konnte von der Liste der Verdächtigen getilgt werden. Jetzt blieb nur noch der Hauptverdächtige: der Staub. Aber auch da passte etwas nicht.

Die meisten Ärzte hielten Staub für die Ursache des Sommerkatarrhs und sprachen dabei von einem schwer greifbaren »gemeinen Staub«. Punkt eins, der Blackley nicht überzeugen kann. Er glaubt an keinen gemeinen Staub, da die Staubzusammensetzung von der geologischen Beschaffenheit des Bodens, von der Vegetation und Jahreszeit sowie »der Zahl der Keime und anderen organischen Partikeln in der Atmosphäre« abhängt. Die meisten Heuschnupfenbetroffenen betrachten den Staub – Hausstaub oder Kaminasche – allerdings als Hauptursache ihrer Krankheit.

Doch wieder fragte Blackley kritisch nach: Wieso treten die meisten Fälle in England von Juni bis August auf, also dann, wenn sich die Leute seltener im Haus aufhalten und im Haus mit Sicherheit weniger Asche herumfliegt als im Winter? Und wieso hat der angebliche atmosphärische Staub in den Wintermonaten dann eine geringere Wirkung? Alles wies doch vielmehr darauf hin, dass der Staub bestimmte Reizstoffe enthielt, die nur im Sommer und Herbst vorhanden waren. Reizstoffe, die es im Winter nicht gab. Des Rätsels Lösung schien zum Greifen nah.

Es fehlt, wie so oft, nur noch das letzte Quäntchen Glück. Und das sollte sich ganz unerwartet an einem blauen Sommertag einstellen, als Blackley einen seiner geliebten Spaziergänge unternimmt. Trotz Heuschnupfengefahr macht ihn nämlich nichts so glücklich wie ein Ausflug aufs Land, und nach Wochen, die er nur zwischen Arbeitszimmer und Labor verbracht hat, scheint dieser Sommertag dafür wie geschaffen.

Doktor Blackley schreitet also zügig aus, um eins seiner Lieblingsziele zu erreichen, unweit von Manchester. Das Wetter ist traumhaft, und der Weg genau wie er ihn liebt, mit fantastischer Aussicht und wenig Verkehr. Doch an diesem perfekten Julimorgen inmitten der schönsten englischen Landschaft überholt ihn plötzlich eine Kutsche. Sie rast aus der Stadt heran und wirbelt eine riesige Staubwolke auf. Der arme Doktor muss den Staub lange einatmen. Das stört ihn nicht weiter; er hat in seinen langen Forscherjahren schon ganz anderes und wesentlich länger eingeatmet. Doch diesmal ist alles anders: Benzoesäure, Kumarin, Ozon, Asche, Stäube und jede Menge anderes widerliches Zeug konnte er stundenlang einatmen, ohne die geringsten Heuschnupfensymptome zu zeigen, doch die Staubwolke, die die Kutsche aufwirbelt, löst einen der schlimmsten Heuschnupfenanfälle aus, die er je hatte: starker Husten, Brustschmerzen, tränende Augen und jede Menge Schleim. Blackley bekommt kaum noch Luft, aber ist froh. Nicht nur froh, sondern glücklich. Endlich hat er etwas gefunden, was einen rich-

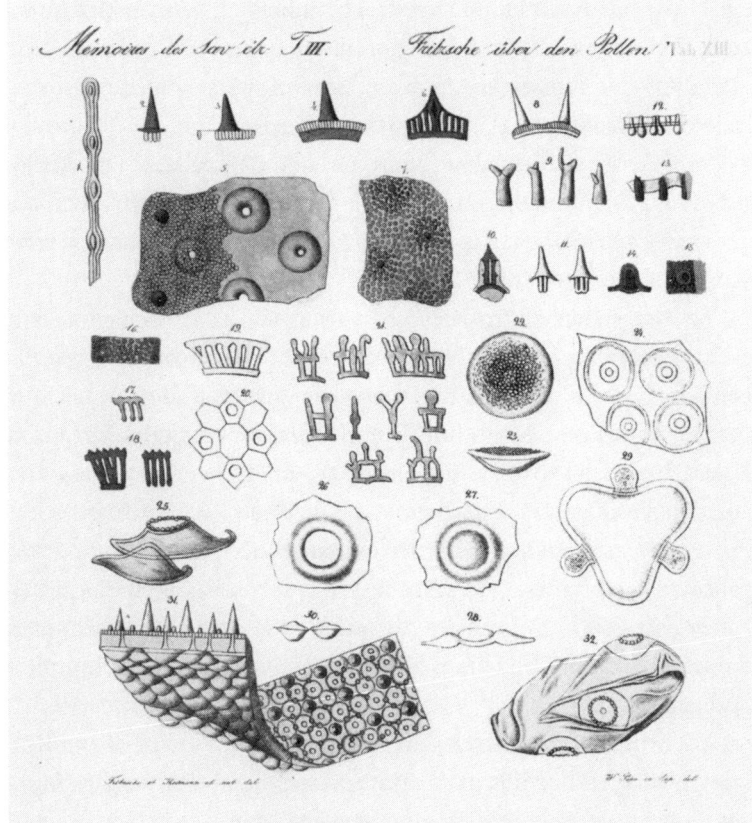

*Diese Tafel aus einem Werk des 19. Jahrhunderts illustriert den
vielgestaltigen Pollenaufbau.*

tigen Heuschnupfenanfall auslöst. Etwas, das sich zu untersuchen
lohnt.

Doch er will auf Nummer sicher gehen. Er wartet, bis der Anfall
abklingt, und als er nicht mehr von Niesattacken geschüttelt wird,
kehrt er auf den Weg zurück, wirbelt den Straßenstaub mit den
Händen auf und atmet tief ein. Und Wunder, o Wunder! *Gaudium
magnum*: ein erneuter Heuschnupfenanfall, schlimmer noch als der
erste. Fast ist es aus mit ihm, endlose Minuten bekommt er wegen

eines Asthmaanfalls kaum Luft. Doch schließlich kann er sich hoch-zufrieden den wunderbaren Ort notieren, dann klaubt er noch eine Hand von dem unseligen Staub auf, um ihn später im Labor zu ana-lysieren. Glücklich und erschöpft macht er sich auf den Heimweg, in der Gewissheit, der Lösung zum Greifen nah zu sein. Der Auslö-ser des Heuschnupfens, da ist er sich todsicher, kann ihm nicht län-ger verborgen bleiben. Nur noch ein Blick durchs Mikroskop trennt ihn von seiner großen Entdeckung.

Bei der ersten mikroskopischen Analyse kann Blackley jedoch nichts Besonderes in dem Staub entdecken. Darum kehrt er am fol-genden Tag nochmals zu der Wegstelle zurück und sammelt nur den oberen, losen Staub auf glyzerinhaltigen Deckgläsern. Nach Hause zurückgekehrt, genügt ein Blick, um zu begreifen, dass sich auf den Deckgläsern Entscheidendes befindet. Er entdeckt unter den Staubpartikeln Pollenkörner und analysiert, zu welcher Art sie gehören. Jetzt hatte er den Auslöser des Heuschnupfens unmittel-bar vor Augen – und musste nur noch zweifelsfrei beweisen, dass diese mikroskopisch kleinen Pollenkörner wirklich Heuschnupfen auslösten.

Das würde nicht einfach sein. Als Homöopath war er seinen Kol-legen höchst verdächtig, und wenn er nun behauptete, winzige Men-gen Pollenkörner würden so eine starke Wirkung entfalten, brächte man das sofort mit der Homöopathie in Verbindung. Wenn ihm ir-gendein Mensch glauben sollte, dann musste er hieb- und stichfeste Beweise liefern. Also machte er sich daran, Fragen aufzulisten, die er durch Versuche beantworten wollte:

1. Können Pollenkörner Heuschnupfensymptome auslösen?
2. Gilt dies für Pollenkörner jeder Art oder nur für Pollen einer oder mehrerer Klassen von Pflanzen? Und wenn ja, für welche Klassen oder Arten?
3. Gilt dies sowohl für getrocknete als auch für frische Pollen-körner?

4. Welche im Pollenkorn enthaltene Substanz löst die gesundheitsschädliche Wirkung aus?

Blackley wählt zunächst fünfunddreißig in Großbritannien häufige Arten aus und testet die Wirkung ihrer frischen und trockenen Pollen auf fünferlei Art an sich selbst: Er bringt sie erstens auf die Nasenschleimhaut auf und atmet sie zweitens ein, sodass sie mit den Schleimhäuten von Kehlkopf, Luftröhre und Bronchien in Kontakt kommen, drittens trägt er einen Pollenaufguss auf die Bindehaut auf, bringt viertens frischen Pollen auf Zunge, Lippen und Rachen auf und impft fünftens die oberen und unteren Gliedmaßen mit frischem Pollen. Geduldig und leidend testet er alle Pollenarten mit den fünf Methoden an sich selbst. Manchmal trägt er den Pollen auf derart abwegige Weise auf, dass man an seinem Verstand zweifeln möchte. Ehrlich gesagt, wirkt es ziemlich befremdlich, wenn jemand an schwerer Pollenallergie leidet und sich in ein Nasenloch frischen Lindenpollen und in das andere Bergnelkenpollen einführt, um zu sehen, welcher Pollen schneller und welcher stärkere Symptome hervorruft. Aus beiden Disziplinen ging, nebenbei bemerkt, der Bergnelkenpollen als Sieger hervor.

Blackleys Versuchsbericht wirkt wie das Tagebuch eines Masochisten:

Ich bereitete einen Aufguss aus Gladiolenpollen vor, wozu ich eine Portion Pollen in einer hundert Mal schwereren Wassermenge aufkochte. Ich gab einen Tropfen der Flüssigkeit in das rechte Auge. Die Wirkung setzte beinah umgehend ein. Zunächst spürte ich ein starkes Brennen, das mit dem Gefühl einherging, wie es ein winziges Sandkorn im Auge hervorrufen könnte. Die Fotophobie war so stark, dass ich das Auge jeweils nur für eine Sekunde öffnen konnte ...

Doch das andere Auge ist glücklicherweise noch funktionstüchtig, und Doktor Blackley beobachtet stoisch und very british, wie der Anfall verläuft: »Mithilfe einer Lupe konnte ich beobachten, wie stark die größte Bindehautvene hervortrat.« Wenig später kommt der Hals an die Reihe. Er trägt Pollen von *Alopecurus pratensis* im Rachen auf, um seine Wirkung auf die Mandeln nachzuweisen:

> Einige Minuten nach der Behandlung begann ein leichtes Brennen, und nach ungefähr einer halben Stunde waren die gesamten Rachenschleimhäute geschwollen. Auf das Brennen folgte alsbald das Gefühl, als würde etwas Hartes, Eckiges die Kehle blockieren …

Und während Blackley die Wirkung der Pollen an sich selbst testet, vergisst er auch nicht, einen Kontrollversuch durchzuführen. Wenn er mit dem einen Nasenloch eine alkoholische Pollenlösung einatmet, achtet er darauf, mit dem anderen eine Lösung ohne Pollen einzuatmen. Wenn er sich an einem Arm eine Schürfwunde beibringt, um die Pollenwirkung an der Wunde zu testen, ist der andere Arm stets für den Kontrollversuch reserviert. Welch ein Glück für Blackley, dass unser Körper über so viele Organe in zweifacher Ausführung verfügt.

Unter den zahlreichen Verletzungen, die er sich beibringt, um die gesundheitsschädliche Wirkung des Pollens nachzuweisen, sind einige folgenreicher als andere. So impfte er Arme und Beine mit einer Pollenlösung und erfand damit den klassischen Hauttest der heutigen Allergiepraxen. Den Beginn einer langen Versuchsreihe an Armen und Beinen beschreibt Blackley folgendermaßen:

> Wenige Minuten nach Auftragen des Pollens fing die Schürfwunde stark an zu jucken. Der Bereich um die Schürfwunde schwoll an (…) Die Schwellung wurde offenbar durch Ergüsse im subkutanen Zellgewebe hervorgerufen.

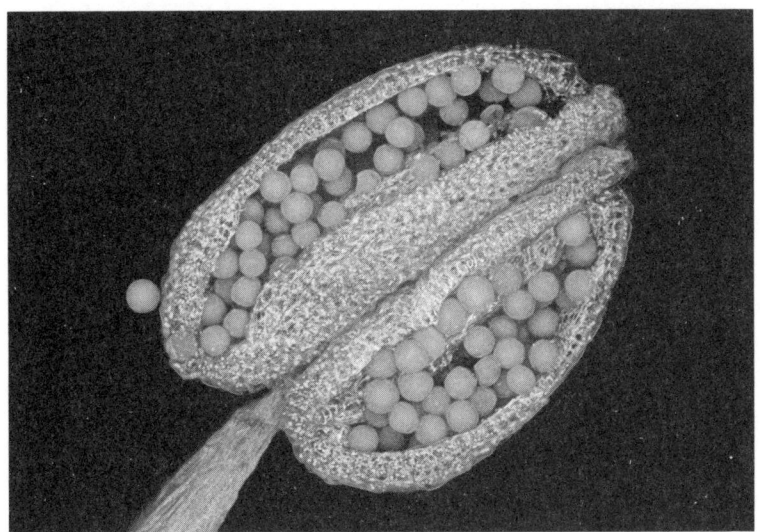

Staubbeutel und Pollen von Arabidopsis thaliana *(© Dr. Heiti Paves)*

Als Blackley die Pollenwirkung ausreichend am eigenen Körper nachgewiesen hat, untersucht er den Pollen selber, um herauszufinden, was diesen so gesundheitsschädlich macht. Er sammelt dazu noch geschlossene Ambrosiablüten, um sie zu Hause unter dem Mikroskop zu betrachten. Doch noch während er die Deckgläser vorbereitet, atmet er versehentlich ein wenig Pollen ein. Geschwächt von den eigenwilligen Versuchen am eigenen Körper, reagiert er äußerst heftig auf die Allergene. Und einen Monat später scheint Blackleys Masochismus eindeutig bewiesen: Er bringt Ambrosiapollen direkt in die Nasenlöcher, um seine Sensibilität besonders für diese Art zu belegen. Das Ergebnis ist desaströs: Um sich wenigstens ein bisschen Erleichterung zu verschaffen, muss er sich subkutan Morphium spritzen.

In den Folgemonaten sollte Blackley mit immer ausgefalleneren Methoden beweisen, welche Rolle die Pollen bei Allergien spielen. Er trägt Roggenblüten unter dem Hut spazieren, damit sie mit seinem kahlen Kopf in Berührung kommen, läuft mit Gazetampons in

Die Portland Street in Manchester in einem Druck
aus der Mitte des 19. Jahrhunderts

den Nasenlöchern durch die Stadt, wobei er seine Atemzüge zählt,
um die aufgenommene Pollenmenge zu schätzen. Und seine Ur-
laubsziele am Meer oder auf dem Land wählt er nur noch danach
aus, ob sie für seine Forschungen vielversprechend sind. Um die
Umgebungsluft zu testen, erfindet er ein Gerät mit Glasstreifen, die
mit einer glyzerinhaltigen, klebrigen Lösung bestrichen sind und so
die Pollenmenge in der Luft erkennen lassen. Er verbindet das Gerät dann mit einer Sauerstoffmaske, um die eingeatmete Pollenmenge zu beurteilen, oder spaziert mit einer Spezialbrille durch
Manchester, um die Pollenmenge in einzelnen Vierteln zu bestimmen. Oder er berechnet die Pollenmenge mit einem sechs Meter
langen Flugdrachen in unterschiedlichen Lufthöhen. Dann korre-
liert er die gemessenen Ergebnisse mit der Stärke seiner Symptome,
und wie er in der zweiten Ausgabe seines Werkes in einem Zusatz-

kapitel beschreibt – zu dem ihm kein Geringerer als Charles Darwin, ein großer Bewunderer seiner Versuchsreihen, geraten hatte –, misst er schließlich das Pollengewicht:

> Schon weniger als 1/40.000 eines Pollenkorns, das alle 24 Stunden eingeatmet wird, löst eine milde Form der Krankheit aus, und etwas weniger als 1/3.427 führen zu einem Heuschnupfenanfall in seiner schlimmsten Form.

Wie andere Pioniere auch galt Blackley zu Lebzeiten als leicht verrückt, als ein zwar liebenswerter Mensch, der sich allerdings verdächtig nah an der Grenze zwischen Spleen und Wahnsinn bewegte. Und der als Homöopath seine Zeit mit Gräsern verplemperte und wenig vertrauenswürdig schien. Doch diesem geduldigen, unbeirrbaren Pionier, der den Pollen als Ursache allergischer Erkrankungen entdeckte, verdanken wir sogar einen neuen Wissenschaftszweig, die Aerobiologie, die sich mit organischen Schwebpartikeln in der Luft beschäftigt.

Wenn Ihnen also das nächste Mal im Frühling die Nase läuft, sollten Sie an Doktor Blackley denken. Denn er hat uns schließlich verraten, wen wir dafür verfluchen können.

Anmerkungen

Erstes Kapitel

1 Von George Carvers Vater weiß man lediglich, dass er zum Besitz einer Nachbarfarm gehörte, gesunde, starke Nachkommen garantieren sollte und bei einem Unfall mit einem Ochsenkarren starb.

2 Offiziell erhielten die schwarzen Sklaven ihre bürgerliche Freiheit mit der Emanzipationserklärung zurück, die Präsident Abraham Lincoln am 1. Januar 1863, während des amerikanischen Bürgerkriegs, verkündete und mit der alle Sklaven in den abtrünnigen Gebieten der konföderierten Südstaaten für befreit erklärt wurden. Der Befreiungsprozess der Sklaven verlief in Wirklichkeit allerdings viel schleppender. Doch die Proklamation führte dazu, dass nach Ende des Bürgerkriegs der 13. Zusatz zur amerikanischen Verfassung (18. Dezember 1865) angenommen und die Sklaverei damit im ganzen Land abgeschafft wurde.

3 Er lernte im Selbststudium nach dem *blue-back speller*. Mit dem Lese- und Rechtschreibbuch von Noah Webster lernten mehr als hundert Jahre lang – vom Ende des 18. bis Anfang des 20. Jahrhunderts – Generationen von Amerikanern lesen und schreiben.

4 Als das Simpson College in Indianola Carver 1928 die Ehrendoktorwürde der Naturwissenschaften verleiht, schreibt der Rektor über die Gründe: »Angesichts der Schwierigkeiten, die er meistern musste, bewundere ich, was er erreicht hat. Dabei halte ich seinen Geist und seinen Charakter sogar für noch bewundernswerter als seine hervorragenden Leistungen.«

Viertes Kapitel

1 Zitiert nach wikiquote, aus Leonardo da Vinci, *Tagebücher und Aufzeichnungen*, hrsg. von Theodor Lücke, Leipzig 1940

2 Ms. E, Folio 55 r.

3 Leonardo da Vinci, *Das Buch von der Malerei*, Bd. II, Wien 1882

4 Ebd., Absatz 914, S. 307

5 Ebd., Absatz 833, S. 249

6 Ebd., Absatz 837, S. 251

7 Edme Mariotte, *Premier essai de la végétation des plantes*, Paris 1679

8 Leonardo da Vinci, *Das Buch von der Malerei*, a.a.O., Absatz 837, S. 247

9 Ebd., Absatz 829, S. 243

10 Marcello Malpighi, *Anatome plantarum Idea*, London 1686

11 Leonardo da Vinci, *Das Buch von der Malerei*, a.a.O., Absatz 842, S. 257

12 Zitiert nach: Giorgio Vasari, *Das Leben des Leonardo da Vinci*, neu übers. von Victoria Lorini, Berlin 2006, S. 17

Sechstes Kapitel

1 S. 122

2 S. 124

3 Charles Darwin, *Die verschiedenen Einrichtungen, durch welche Orchideen von Insecten befruchtet werden*, 2. Auflage, übers. v. Julius Victor Carus, Stuttgart 1876

4 In der Vorrede

5 Ebd., S. 1

6 Charles Darwin, *Das Bewegungsvermögen der Pflanzen*, Stuttgart 1881, S. 141

7 Ebd., S. 491f.

8 *Charles Darwin's last letter?*, in: Transactions of the Kansas Academy of Science, 48, 1945, S. 317f.

Siebtes Kapitel

1 Giuliano Pancaldi, *Teleologia e darwinismo, la corrispondenza fra C. Darwin e F. Delpino*, Bologna 1984

2 Michel Foucault, *Die Ordnung der Dinge*, Frankfurt a. M. 1974

3 Federico Delpino, »Sui rapporti delle formiche colle tettigometre e sulla genealogia degli afidi e dei coccidi«, in: *Atti della Società Italiana di Scienze naturali*, 15, 1872, S. 472–486

4 Federico Delpino, »Rapporti tra insetti e nettari extranuziali nelle

piante«, in: *Bullettino della Società Entomologica Italiana*, 6, 1874, S. 234–239

5 Charles Darwin, *Über die Entstehung der Arten*, 6. Auflage, Stuttgart 1879, 114f.

Achtes Kapitel

1 Odoardo Beccari, »Fioritura dell'Amorphophallus titanum«, in: *Bullettino della Reale Società Toscana di Orticoltura*, XIV, 1889, S. 266–278

2 Emanuele Orazio Fenzi, »Una pianta maravigliosa«, in: *Bullettino della Reale Società Toscana di Orticoltura*, III, 1878, S. 270f.

3 Odoardo Beccari, »Il Conophallus titanum Beccari«, in: *Bullettino della Reale Società Toscana di Orticoltura*, III, 1878, S. 290–293

4 Odoardo Beccari, »Il Conophallus titanum Beccari«, in: *Bullettino della Reale Società Toscana di Orticoltura*, III, 1878, S. 290–293

5 Alfred Russel Wallace, *Darwinism. An exposition of the theory of natural selection*, London 1889

6 Vgl. Paolo Ciampi, *Gli occhi di Salgari. Avventure e scoperte di Odoardo Beccari, viaggiatore fiorentino*, Florenz 2003

Zehntes Kapitel

1 *Italienische Reise*, hrsg. von Christoph Michel, Frankfurt a. M. 1976, 17. April 1787, S. 348

2 *Schriften zur Morphologie II*, in: Gesamtausgabe, hrsg. von Wilfried Malsch, Bd. 19, S. 17, Stuttgart 1959

3 Ebd., S. 15

4 Aus dem Gedicht »An die deutschen Esel«

Elftes Kapitel

1 Brief von Rousseau an François-Henri d'Ivernois vom 1. August 1765, zitiert nach: Albert Jansen, *Jean-Jacques Rousseau als Botaniker*, London 1885, S. 85f.

2 *Träumereien eines einsam Schweifenden*, neu übers. von Stefan Zweifel, Berlin 2012, S. 171f.

3 Das Herbarium befindet sich heute im Musée Jean-Jacques Rousseau in Montmorency, Frankreich.

4 Vierter Brief, 19. Juni 1772, zitiert nach: *Botanisieren mit Jean-Jacques Rousseau, Die Lehrbriefe für Madeleine*, hrsg. und übertragen von Ruth Schneebeli-Graf, Thun 2003, S. 38f.

5 Fünfter Brief, 16. Juli 1772, zitiert nach: *Botanisieren mit Jean-Jacques Rousseau, Die Lehrbriefe für Madeleine*, a.a.O., S. 49f.

6 Zitiert nach: Jean-Jacques Rousseau, *Julie oder Die neue Héloïse*, München 1988, 4. Buch, 11. Brief, S. 492ff.

Bildnachweis

Soweit nicht anders angegeben liegen die Abbildungsrechte bei Archivio Giunti. Rechteinhaber von Quellen, die nicht ermittelt werden konnten, werden gebeten, sich mit dem Verlag in Verbindung zu setzen.

Abdruck folgender Abbildungen mit freundlicher Genehmigung von Stefano Mancuso: S. 14, S. 19, S. 23, S. 26, S. 37, S. 38, S. 43, S. 44, S. 46, S. 47, S. 53, S. 55, S. 59, S. 65, S. 66, S. 76, S. 79, S. 88, S. 92, S. 97, S. 104, S. 106, S. 125, S. 128, S. 131, S. 132, S. 135, S. 138, S. 148, S. 167 und Farbtafeln

S. 62 © The Granger Collection/Archivi Alinari

S. 120 © Humboldt-Universität Berlin/Bridgeman Images/Archivi Alinari

S. 140 © DeA Picture Library/Archivi Alinari

S. 168 © The Print Collector/Corbis

Stefano Mancuso / Carlo Petrini
DIE WURZELN DES GUTEN GESCHMACKS
Warum sich Köche und Bauern verbünden müssen

»Carlo Petrini, Gründer der Slow-Food-Bewegung, und der Bio-
logieprofessor Stefano Mancuso reden über eine extensive
Nahrungsmittelproduktion; darüber, dass der größte Teil des
weltweiten Kalorienbedarfs von nur drei Pflanzen gedeckt wird,
obwohl es Zehntausende genießbare Arten gäbe; darüber, wie
Menschen im Gleichgewicht mit der Natur leben könnten.«
JAN HEIDTMANN, SÜDDEUTSCHE ZEITUNG
»Eine genussfreundliche These, auf die vielleicht nur zwei Italiener kommen konnten: Wer Pflanzen retten will, der muss sie
essen.« TOBIAS BECKER, LITERATUR SPIEGEL

Aus dem Italienischen von C. Ammann, 334 S., ISBN 978-3-95614-096-9

VERLAG ANTJE
KUNSTMANN

Stefano Mancuso / Alessandra Viola
Die Intelligenz der Pflanzen

Pflanzen versorgen uns nicht nur mit Nahrung, Energie und
Sauerstoff, sie haben mehr Sinne als der Mensch. Sie können die
Schwerkraft berechnen und chemische Stoffe analysieren, tau-
schen mit Vögeln und Insekten Informationen aus, und ihr
Wurzelwerk bildet eine Art lebendes Web.
»Stefano Mancuso ist vielleicht der leidenschaftlichste Vorkämp-
fer der Perspektive der Pflanzen … er ist der Poet und Philosoph einer Forschung, die ihnen die verdiente Anerkennung
verschaffen will. Für Mancuso sind die Pflanzen der Schlüssel
zu einer ›grünen‹ Zukunft, die sich um dezentrale und modu-
lare Systeme und Netzwerke herum organisiert.« Michael
Pollan im New Yorker

Aus dem Italienischen von C. Ammann, 192 S., ISBN 978-3-95614-030-3

VERLAG ANTJE
KUNSTMANN

Die Übersetzung dieses Buches wurde mit Unterstützung des
Segretariato Europeo per le Pubblicazioni Scientifiche erstellt.

Via Val d'Aposa 7 • 40123 Bologna - Italy
seps@seps.it | www.seps.it

Die Übersetzerin dankt dem Land Nordrhein-Westfalen
für die Förderung ihrer Arbeit.

Titel der Originalausgabe: *Uomini che amano le piante.*
Storie di scienziati del mondo vegetale
Umschlaggestaltung: Heidi Sorg und Christof Leistl
Typografie und Satz: frese-werkstatt.de
Druck und Bindung: Pustet, Regensburg
ISBN 978-3-95614-170-6